怎样提高中小型猪场效益

于化洲 编著

金盾出版社

内 容 提 要

本书总结了作者20多年基层养猪场经营管理经验,参考大量养猪新技术,倾注了许多心血编著而成。内容包括:绪论,中小型猪场建设及配套设备,中小型猪场生产工艺流程,种公猪、种母猪、哺乳仔猪、断奶仔猪、生长肥育猪的科学饲养目标管理技术,动物疫病预防与控制技术规范,中小型猪场的经营管理等。书中内容理论联系实际,语言通俗易懂,针对性和可操作性强,适于中小型猪场和养猪专业户阅读,同时可供大中专畜牧兽医专业学生和生产第一线畜牧兽医工作者参考。

图书在版编目(CIP)数据

怎样提高中小型猪场效益/于化洲编著.—北京:金盾出版社,2009.12

ISBN 978-7-5082-6011-2

Ⅰ.怎… Ⅱ.于… Ⅲ.养猪场—经济管理 Ⅳ.S828

中国版本图书馆 CIP 数据核字(2009)第 180866 号

金盾出版社出版、总发行

北京太平路5号(地铁万寿路站往南)
邮政编码:100036 电话:68214039 83219215
传真:68276683 网址:www.jdcbs.cn
封面印刷:北京精美彩色印刷有限公司
正文印刷:北京军迪印刷有限责任公司
装订:兴浩装订厂
各地新华书店经销
开本:850×1168 1/32 印张:9.0 字数:216千字
2012年4月第1版第3次印刷
印数:18 001~24 000册 定价:15.00元

(凡购买金盾出版社的图书,如有缺页、
倒页、脱页者,本社发行部负责调换)

作者简介

于化洲，男，1941年生，畜牧兽医师。1965年毕业于原中国人民解放军兽医大学兽医系。工作以来先后担任吉林省九台市畜牧兽医工作总站技术员、九台市牧业管理局科员、业务科长、业务副局长等职，主管九台市畜牧兽医科学新技术、新成果的推广、应用工作。他在畜牧兽医生产第一线工作了40多年。先后荣获了吉林省畜牧科技推广成果二等奖、吉林省畜牧科技成果三等奖和长春市农业科技推广成果一等奖及1994年度长春市农业科技推广状元称号。

于化洲同志撰写农业科技推广论文80多篇，先后刊登在《中国畜牧》、《中国农业通讯》、《中国家禽》、《农民致富之友》、《吉林畜牧》、《农村科学实验》、《黑龙江畜牧兽医》、《养禽与禽病防治》、《四川草原》、《内蒙古畜牧业》等刊物上，均起到了普及、推广先进的农业新技术作用。

他退休后，被中国人民解放军农牧大学原种猪场首席育种专家侯万文教授聘用抓"军牧1号白猪"的纯种选育工作多年。现在，他被九台市关心下一代工作委员会聘请为"科学技术素质教育"报告团理事，经常深入基层，进行农业科学技术推广服务工作，仍活跃在九台市畜牧业生产第一线，深受中小型养猪场（户）欢迎。

前　言

　　改革开放30多年来,农村发生了巨大的变革,农业现代化建设取得了新的进展,农村生活富裕已见成效,农民奋发图强、自力更生,向规模生产要效益、向科学技术要效益、向无公害产品要效益的"奔小康"意识空前提升。尤其是在党的十七届三中全会提出的"2020年农民纯收入比2008年翻一番"的目标指引下,农民兴办的中小型养猪场,像雨后春笋般涌现出来,这是具有中国特色规模养猪[基地建设(无公害生猪基地)、证书管理;中小规模(为主)、连片集中;一体化经营、社会化服务;定点(厂)屠宰、分割销售]的雏形,是农村新的生产方式,是发展农村经济的新的增长点。为了提高中小型养猪场的经济效益,为了推动具有中国特色的规模养猪的稳定、健康、和谐发展,编者以"五良"(良种、良舍、良料、良防、良法)和"规模养猪、目标管理、均衡生产、全进全出"为主题编写了本书。

　　本书的内容可概括为"一条主线"和"四个基本内容"。"一条主线",就是本书紧紧地围绕着生产力中最活跃的因素——人展开的。通过"饲养目标、生产目标",进行超标奖、短标罚(或适当地批评教育)的办法,充分调动饲养员、技术员、技术主管、生产主管,把科学养猪的核心技术、科技成果,高效率地转化为生产过程中的积极性;更能充分地调动养猪者,主动地去组装"良种、良舍、良料、良防、良法"的高科技养猪的配套技术,增加科技含量,提高经济效益。更有利于养猪在规模化、产业化、商品化的道路上越办越好。"四个基本内容":一是按照规模养猪的工艺流程,分别介绍了种公猪、空怀母猪、妊娠母猪、哺乳母猪、哺乳仔猪、断奶仔猪、育成猪、肥育猪等科学饲养的核心技术。二是按照"阶段目标管理,全进全出,批量生产、均衡上市"的编写思路,来确定不同类型猪的饲养目标和生产目标。有利于养猪者心中有数,做到盈亏点早知道;有利于养猪者日常加大监督管理力度,减少人为失误。三是本书突出了管理技术,向管理要效率、向管理要标准产品产量、向管理要经济效益。管理技术包括管理措施、疫病防治和依法监督、依法扑灭法定传染病的措施等。突出了具有中国特色的"双轨运行("行政轨"为各级人民政府,"业务轨"为各级人民政府兽医主管部门)、群防群控"的控制、扑灭猪传染病的新做法。四是本书各章既突出了核心技术的先进性、适用性、高效性,也突出了配套技术的应用高效益性。

本书总结了编者40多年第一线生产、科研工作的实践经验和体会。在编写过程中既注重了"先进的科学饲养管理技术、先进的目标管理手段和依法灭病程序",又注重了"环保型、无公害、高效益。"引用了多项国家标准、行业标准和新技术、新成果。

在编写过程中,力求做到文字简明扼要,深入浅出,叙述通俗易懂;更力求做到先进适用和前瞻性,以满足养猪场(户)、教学、科研和畜牧兽医工作者的需要。

在编写过程中,参考了中外养猪专著、借鉴和引用了一些专家的研究资料,在此谨表衷心的感谢和崇高的敬意。

由于时间仓促、水平有限,书中不妥之处在所难免,诚请读者批评指正。

编 著 者

目 录

第一章　绪论 …………………………………………… (1)
　一、养猪场(户)怎样确定适度的养殖规模 …………… (1)
　二、中小型养猪场的类型及特点 ……………………… (2)
　　(一)中小型猪场饲养工艺 …………………………… (2)
　　(二)中小型猪场的规模 ……………………………… (3)
　　(三)中小型猪场的特点 ……………………………… (3)
　三、办好中小型猪场的关键措施 ……………………… (5)
　　(一)要有良种,向良种要效益 ……………………… (5)
　　(二)要有全价配合饲料,向良料要效益 …………… (5)
　　(三)要有良舍,向良舍要效益 ……………………… (5)
　　(四)要有综合防疫措施,向无病先防要效益 ……… (6)
　四、中小型猪场规范化管理 …………………………… (6)
　　(一)健全各项规章制度,鼓励先进 ………………… (6)
　　(二)加强记录档案资料管理,开创一流的生产业绩 … (6)
　　(三)完善生产管理条件,获得合法的生产资格 …… (7)
第二章　中小型猪场建设及配套设备 ………………… (8)
　一、中小型猪场适宜的环境条件 ……………………… (8)
　　(一)温度 ……………………………………………… (8)
　　(二)湿度 ……………………………………………… (9)
　　(三)气流 ……………………………………………… (10)
　　(四)光照 ……………………………………………… (11)
　　(五)有害气体 ………………………………………… (13)
　　(六)噪声 ……………………………………………… (14)
　二、中小型猪场建筑设计 ……………………………… (14)

（一）基本要求 …………………………………………（15）
　　（二）猪舍类型 …………………………………………（17）
　　（三）各类猪舍的建筑设计的特点 ……………………（18）
　三、中小型猪场常用设备 …………………………………（25）
　　（一）猪栏 ………………………………………………（26）
　　（二）饲槽 ………………………………………………（26）
　　（三）供水、饮水设备 …………………………………（27）
　　（四）供热保暖设备 ……………………………………（29）
　　（五）死猪处理设备 ……………………………………（30）
　　（六）通风降温设备 ……………………………………（30）
　　（七）防疫消毒设备 ……………………………………（31）
　　（八）粪污清除与处理设备 ……………………………（31）
　　（九）辅助设备和用具 …………………………………（33）
第三章　中小型猪场生产工艺流程 ………………………（34）
　一、中小型猪场流水式生产工艺的组织方法 ……………（35）
　　（一）确定生产节奏 ……………………………………（35）
　　（二）确定工艺参数 ……………………………………（36）
　二、中小型猪场肥育猪生产工艺流程 ……………………（40）
　　（一）两阶段肥育饲养，一次转群工艺流程 …………（40）
　　（二）三阶段肥育饲养，两次转群工艺流程 …………（40）
　　（三）四阶段肥育饲养，三次转群工艺流程 …………（41）
第四章　种公猪的科学饲养目标管理技术 ………………（44）
　一、种公猪的科学饲养目标 ………………………………（44）
　　（一）饲养头数和达到体质健壮的目标 ………………（44）
　　（二）繁殖性能目标 ……………………………………（44）
　　（三）费用控制目标 ……………………………………（44）
　二、种公猪的选择标准 ……………………………………（44）
　　（一）品种选择 …………………………………………（45）

(二)几个主要父本种猪的推荐 …………………………(45)
三、种公猪的科学饲养管理技术………………………………(49)
　　(一)科学的饲养原则与饲养方式 ………………………(49)
　　(二)科学的管理程序 ……………………………………(52)
四、科学的配种技术……………………………………………(53)
　　(一)性成熟和体成熟 ……………………………………(53)
　　(二)种公猪最佳配种年龄和使用强度 …………………(53)
　　(三)种公猪配种方式的选用 ……………………………(54)
　　(四)适时配种 ……………………………………………(55)
　　(五)种公猪配种时应注意的问题 ………………………(56)
五、种公猪的防疫程序…………………………………………(57)
六、种公猪饲养水平的自我评估………………………………(57)
七、后备公猪的选购和培育……………………………………(58)
　　(一)种公猪的选购 ………………………………………(59)
　　(二)本场培育后备公猪的程序 …………………………(59)

第五章　种母猪的科学饲养目标管理技术 …………………(63)
一、种母猪的繁殖目标和控制指标……………………………(63)
　　(一)母猪群总体繁殖生产目标 …………………………(63)
　　(二)控制指标 ……………………………………………(64)
二、种母猪的选留方法…………………………………………(64)
　　(一)主要母本猪种的推荐 ………………………………(64)
　　(二)对种母猪挑选标准的把握 …………………………(66)
　　(三)亲本品种的选择 ……………………………………(67)
三、母猪的繁殖性能……………………………………………(68)
　　(一)母猪的繁殖周期 ……………………………………(68)
　　(二)母猪的繁殖生理 ……………………………………(68)
　　(三)受精过程和影响受精因素 …………………………(73)
　　(四)胚胎及胎儿发育规律 ………………………………(76)

(五)母猪的妊娠期……………………………………(78)
　　(六)母猪临产征状与分娩过程………………………(81)
　　(七)母猪的助产技术与难产处理……………………(82)
　四、母猪不同阶段的科学饲养管理技术……………………(86)
　　(一)空怀母猪的科学饲养管理技术…………………(86)
　　(二)妊娠母猪的科学饲养管理技术…………………(88)
　　(三)哺乳母猪的科学饲养管理技术…………………(91)

第六章　哺乳仔猪的科学饲养目标管理技术……………………(99)
　一、哺乳仔猪的饲养目标和补料指标………………………(99)
　　(一)哺乳仔猪的饲养目标……………………………(99)
　　(二)补料指标…………………………………………(99)
　二、哺乳仔猪的生理特点……………………………………(100)
　　(一)生长发育快、代谢功能旺盛,利用养分能力强……(100)
　　(二)体温调节功能发育不全,对环境温度非常敏感……(101)
　　(三)消化器官不发达,消化功能不完善……………(102)
　　(四)缺乏先天免疫力,容易得病……………………(103)
　三、哺乳仔猪的科学饲养与护理技术………………………(104)
　　(一)哺乳仔猪的科学饲养技术………………………(104)
　　(二)哺乳仔猪的科学护理技术………………………(112)

第七章　断奶仔猪的科学饲养目标管理技术……………………(119)
　一、断奶仔猪的生产目标……………………………………(119)
　二、断奶仔猪的生理特点……………………………………(119)
　三、断奶仔猪的科学饲养管理技术…………………………(122)
　　(一)早期断奶…………………………………………(122)
　　(二)断奶后仔猪的科学饲养管理技术………………(133)
　　(三)网床培育断奶仔猪………………………………(138)

第八章　生长肥育猪科学饲养目标管理技术……………………(140)
　一、生长肥育猪阶段划分……………………………………(140)

· 4 ·

二、生长肥育猪的生产目标 ……………………………… (140)
　(一)日增重目标 …………………………………………… (140)
　(二)饲料效率目标 ………………………………………… (140)
　(三)转群体重目标 ………………………………………… (141)
　(四)育成率目标 …………………………………………… (141)
　(五)控制目标 ……………………………………………… (141)
三、生长肥育猪机体组织生长和沉积变化规律 ………… (141)
　(一)机体各组织成分的构成 ……………………………… (141)
　(二)组织生长和沉积的变化规律 ………………………… (142)
四、优质仔猪的选购和运输 ……………………………… (143)
　(一)要做好选购仔猪前的准备工作 ……………………… (143)
　(二)要关注疫情,到无疫区选购仔猪 …………………… (144)
　(三)精心筛选预购仔猪 …………………………………… (144)
　(四)要搞好运输 …………………………………………… (145)
　(五)要落实入场后隔离饲养的各项措施,做好安全过
　　　渡工作 ………………………………………………… (146)
五、生长肥育猪的科学饲养管理技术 …………………… (146)
　(一)生长肥育猪第一、第二阶段的饲养管理技术 …… (146)
　(二)生长肥育猪第三阶段的饲养管理技术 …………… (162)
六、肥育猪生产水平的自我评估 ………………………… (168)

第九章　动物疫病预防、控制和猪病防治技术规范 …… (170)
一、动物疫病的分类 ……………………………………… (170)
二、人畜共患传染病名录 ………………………………… (172)
三、完善动物疫情报告制度 ……………………………… (173)
　(一)报告疫情要及时 ……………………………………… (173)
　(二)报告内容要准确 ……………………………………… (173)
　(三)报告方式要得当 ……………………………………… (173)
　(四)按国家规定的程序上报疫情,速度要快 …………… (174)

四、"一类、二类、三类动物疫病"控制、扑灭技术规范……（175）
  （一）一类动物疫病控制、扑灭技术规范 ………（175）
  （二）二类动物疫病控制、扑灭技术规范 ………（178）
  （三）三类动物疫病控制、扑灭技术规范 ………（180）
五、中小型猪场的消毒…………………………………（182）
  （一）进入生活管理区的车辆、人员及物品的消毒……（183）
  （二）进入生产区人员及物品的消毒规定…………（183）
  （三）生产区内的日常消毒方法……………………（184）
  （四）污物处理区的消毒……………………………（185）
六、中小型猪场寄生虫病控制程序……………………（186）
七、中小型猪场主要传染病的免疫程序………………（187）
八、中小型猪场保健给药程序…………………………（191）
九、中小型猪场必备的治疗药物………………………（192）
十、中小型猪场药物选用原则和用药注意事项及治疗
    原则………………………………………………（199）
  （一）药物选用原则…………………………………（199）
  （二）用药注意事项…………………………………（199）
  （三）细菌性疾病的治疗原则………………………（201）
  （四）寄生虫病的治疗原则…………………………（202）
十一、免疫接种技术……………………………………（202）
  （一）免疫接种的分类………………………………（202）
  （二）免疫接种的方法………………………………（205）

第十章 中小型猪场的经营管理……………………（208）
一、猪场经营管理的概要………………………………（208）
  （一）猪场经营管理的概念…………………………（208）
  （二）猪场经营管理的特殊性………………………（208）
二、中小型猪场的计划管理……………………………（209）
  （一）计划管理的基本内容…………………………（209）

（二）几种主要计划的编制方法与落实措施……………(211)
三、中小型猪场的劳动管理 ……………………………………(221)
　　（一）人员配置与岗位分工 …………………………………(221)
　　（二）工资制度与经济责任 …………………………………(222)
四、中小型猪场的财务管理与成本核算 ………………………(224)
　　（一）财务管理 ………………………………………………(224)
　　（二）资金管理与核算 ………………………………………(229)
　　（三）生产成果与生产成本核算 ……………………………(231)
五、猪场经营水平的综合评价方法 ……………………………(234)
　　（一）猪场综合评价指标的分类体系 ………………………(235)
　　（二）评价指标的计算方法 …………………………………(235)
　　（三）评价指标的权重系数 …………………………………(237)
　　（四）评价方法 ………………………………………………(238)
附录 A　中国猪的饲养标准(NY/T 65—2004) …………(240)
附录 B　猪场常用生产记录表格式样 ………………………(258)
附录 C　中小型猪场常用数据一览表 ………………………(263)
主要参考文献 ……………………………………………………(273)

第一章 绪 论

第一章 绪 论

党的十七届三中全会提出,到 2020 年,农村改革发展基本目标任务是:"……农民人均纯收入比 2008 年翻一番,消费水平大幅提升,绝对贫困现象基本消除"。这就为我们积极发展农村户养猪、规模经营、一体化管理、社会化服务指明了方向。鼓励和扶持农民办好中小型猪场,是消除农民绝对贫困的需要,是农民早日实现"小康"目标的需要,是农民到 2020 年人均纯收入比 2008 年翻一番的需要,是建设具有中国特色规模养猪工程的必由之路。

改革开放 30 多年来,我国畜牧业得到了长足发展,主要产品产量持续 20 多年快速增长,畜牧业已成为我国农村经济的支柱产业,更是农民增收"奔小康"的亮点。2006 年我国生猪存栏 4.94 亿头,出栏肉猪 6.81 亿头,猪肉产量 5 197.2 万吨,占世界猪肉总产量的 53%,生猪饲养量、猪肉产量位居世界第一;生猪养殖业产值达到 6 443.5 亿元,占畜牧业总产值的 48.4%,猪肉在肉类总产量中占到 64.13%,成为促进农民增收和保障肉类食品安全的基础产业,撑起我国畜牧业的半壁江山。养猪业为改善人民生活、农业增效、农民增收,作出了重大贡献。

一、养猪场(户)怎样确定适度的养殖规模

近年来,随着改革开放的不断深入和城市"菜篮子"工程的实施,不同规模的养猪场迅速发展,这对于丰富人们的肉食、增加外汇收入,促进中小型猪场的发展起到了十分重要的作用。

所谓适度养猪规模,是指在一定的社会条件下,养猪生产者结合自身的经济实力、生产条件和技术水平,充分利用自身的各种优势,把各种潜能充分地发挥出来,以便取得最好经济效益的规模。

由此可见，任何一个养猪场（户），在确定养猪规模的时候都会把经济效益放在首要位置来思考。养猪规模太小了不行，但也不是越大越好，要以适度饲养规模为宜。养猪规模过大，则资金投入会相对过大，饲料供应、猪粪尿处理的难度会增大，而且猪场（户）面临的市场风险也会增大。

在农村，养猪专业户发展规模养猪，条件较好的以年出栏商品肉猪 3 000~5 000 头的规模为宜，属于中型养猪场；条件一般的农户，要以年出栏商品肉猪 1 000~2 000 头的饲养规模为宜，即小型养猪场。中小型养猪规模，不但可以充分利用自家劳动力、批量购买饲料、自己配制饲料、手推车送料、大幅降低养猪成本，而且还有利于实行"规模养猪、目标管理、均衡上市、全进全出"的生产。这样的养猪规模还有利于处理养猪生产中可能出现的资金缺乏、饲料供应、饲养管理、疫病防治、产品销售、粪尿处理等问题。如果想办大型规模化养猪场应以年出栏商品肉猪 10 000 头的规模为宜，要求机械化水平高、投资大、风险高，农民自己筹资办场的较少。

二、中小型猪场的类型及特点

中小型养猪场是指饲养规模相对较小，设备和设施相对简易的集体或农户的养猪场。与大型集约化养猪场相比，由于饲养规模较小，相应的管理模式、经营思路则略有不同。

（一）中小型猪场饲养工艺

由于中小型猪场的投入相对较少，技术要求相对简单一点，饲养工艺也有所不同，主要有三类。

1. 自繁自养型 此型的饲养工艺包括自养种猪、自繁仔猪、自育商品猪的全部饲养过程。其优点是商品猪成本较低，不易引入疾病，可以较好地掌握仔猪来源和质量；缺点是投入较高，工艺较复杂。本类型适合于资金力量较雄厚、技术水平较高的养猪场。

2. 仔猪育肥型 为了简化工艺，减少投入，有些中小型养猪

第一章 绪论

场,只购入仔猪(猪苗)或只饲养生长肥育猪、出栏商品猪。其优点是固定资产投入相对较少、周转快、猪舍简单、易操作;其缺点是购入的仔猪(猪苗)成本较高。每头商品猪的利润偏低,而且猪苗的均匀度、质量不易控制,易引入疾病(尤其是饲养量较大者)。本类型适合技术水平偏低,条件较差的饲养场。若实行"公司+农户"的经营方式可在很大程度上克服本类型缺点,且可获取较好的利润。

3. 繁育仔猪型 为了发挥技术优势、减少投入,有些养猪场专养种猪(二元杂交母猪和良种杜洛克公猪)、专业培育三元杂交瘦肉型猪苗,专门出售猪苗。其优点是资金占用少、周转快,经营较灵活,仔猪行情偏低时可自养部分肥育猪;其缺点是技术要求较高,每头仔猪的利润偏低。本类型较适合技术水平高、资金较少,劳动力成本较低的养猪场。

(二)中小型猪场的规模

1. 自繁自养型的规模 基础母猪饲养量在200头以下,年出栏商品猪3 000头以下。

2. 仔猪育肥型的规模 年出栏商品猪在3 000头以下。

3. 繁育仔猪型的规模 基础母猪的饲养量在200头以下。

(三)中小型猪场的特点

1. 中小型养猪场的优势

(1)固定资产投入少 饲养量小,其投资也相对较少。在饲养设施上可以要求不太高,可以更多地使用廉价劳动力来代替,如:人工推车上料、人工推车送粪,也不需要热风炉和大型化粪池等投入较高的设施。因此,其固定资产投入要少得多。中小型猪场,特别是专业户养猪场,饲养量较小,饲养人员多数以家庭成员为主。

(2)饲料来源可以多样化 中小型猪场饲料可以灵活多样,既可全部饲喂猪全价商品饲料,也可购入浓缩料、预混料等自配全价饲料。同时,也可补饲农产品下脚料。春、夏、秋3季又可大量补饲青饲料。这样,可以使饲料成本降到最低。

(3) 比较容易控制猪的饲养环境,有利于猪只健康生长 在饲养环境控制上,大型养猪场与中小型养猪场有很大的区别。大型养猪场的饲养环境的控制要求高、投资大;中小型养猪场在圈舍设计上则较多地考虑利用自然环境因素和人工控制能力,一般多利用自然光照。

(4) 可减少疾病交叉感染的机会 中小型养猪场饲养量较少,相对每头猪的空间较大,卫生环境较易控制。由于阳光的直射作用,病原菌不易长时间存活。所以,疾病的感染机会就少得多,感染了也较易控制。

(5) 饲养和经营成本低 因猪饲料可以做到多样化、劳动力成本低、固定资产投入少、疾病少,所以一般说其饲养成本要比大型养猪场低 10%~18%。

2. 中小型养猪场的劣势

(1) 规模效益较差 由于饲养规模小,形成不了规模优势,因此发挥不了规模效益,抗风险能力差。

(2) 产品质量控制较难 因饲养规模小,种猪质量和饲料质量就很难保证很高的水平,商品猪的质量就难达到很高的水准。

(3) 销售渠道形成优势较难 由于饲养规模小、均衡上市的商品猪头数少,较难形成稳定的销售市场。所以,出现猪价下降或卖猪难时,中、小规模或专业户养猪场受到冲击首当其冲。

中小型养猪场是农村养猪的主要形式,是中国特色的规模养猪的初级阶段,亟待各级政府职能部门给予有效的支持、引导和牵线,帮助寻找一个可靠和信得过的种猪育种公司和饲料公司,实现专业经营、分工协作。这样,更有利于发挥各自优势和特长。此外,应与当地有影响的屠宰加工企业签订生产供销合同,实行订单式、无公害化生产,创造绿色猪肉品牌。

三、办好中小型猪场的关键措施

要想成功地办好中小型养猪场,必须采取四个关键措施。

(一)要有良种,向良种要效益

优良的猪种是高产、高效、优质生产的基础。经过多年选育及配合力测定而形成的专门化配套品系,不但有很高的遗传潜力,而且有繁殖力高、增重速度快、产肉性能好、抗病能力强的特点。未经过选育的地方猪种或来源不清的种猪、生产性能较低的种猪不适宜用于中小型猪场饲养。要根据生产条件和产品要求选择适宜的优良品种,并利用杂种优势,提高效益。

(二)要有全价配合饲料,向良料要效益

饲料成本占养猪成本的 60%～70%,中小规模养猪场可达 75%左右。因此在饲料选择和配制上应就地取材,科学饲喂,减少浪费。中小型猪场,猪群长年在猪舍内饲养,活动面积小,所需要的营养物质全部由人们供给。不同类群和不同生理阶段的猪群营养需要,则有其不同的饲养标准。根据饲养标准制定饲料配方,由饲料加工厂生产全价配合饲料分送到各猪场使用。饲料工业体系优质运行是中小型猪场提高经济效益的重要因素。中小型猪场,要加强对猪全价配合饲料的科学保管、科学使用,不发生霉烂、不被鼠类啃食、不出现人为浪费,这是中小型猪场增加经济效益的根本保证。

(三)要有良舍,向良舍要效益

猪舍建筑与饲养设施是为饲养工艺的顺利实施而设置的。中小型猪场与农家养猪的基本区别是养猪场要全年均衡生产,要充分利用投入的饲养设备,获得最佳的经济效益。猪舍和饲养设备的充分利用、控制好全年生产所需要的小气候环境,是决定规模养猪场成功、赢利的大事,所以中小型养猪场上马前,要请有关的养猪专业人员充分地研究、论证、设计出技术含量高、成本低的工艺

怎样提高中小型猪场效益

设备与建筑形式。

(四)要有综合防疫措施,向无病先防要效益

具有一定饲养规模的中小规模养猪场,其综合防疫措施应包括两个方面的内容。一是对猪生产和生活环境条件的管理和控制,这是猪群保健的基础。二是合理实施投药预防、圈舍消毒、定期免疫注射等。这些无病先防的具体措施应制定得科学、合理、具体,并能形成规章制度、长期坚持、落到实处。这是中、小规模养猪场提高经济效益的重要措施,一定要做到,而不是可有可无的。

四、中小型猪场规范化管理

猪场规范化管理势在必行,是指猪场管理者按照国家、行业和地方相关部门规定和标准,进行人、财、物等资源的科学整合、调控和运用,从而实现猪场目标管理的过程。规范化管理对养猪企业的生存和发展,对经济效益、社会效益及生态效益的提高,均有至关重要的作用。

(一)健全各项规章制度,鼓励先进

为使猪场每个工作人员能够做到有章可循,有法可依,规范行为,有序工作,实现一流的工作质量,就要制定涵盖各项工作的规章制度,如工作制度、考勤制度、奖惩制度、学习制度、活猪出入场检疫检验制度、疫病免疫监测制度、疫情登记统计及报告制度、卫生消毒制度、免疫接种制度、免疫标识管理与使用制度、染疫动物隔离观察治疗制度、病死动物无害化处理制度、饲料及其添加剂使用管理制度、兽药及其添加剂使用管理制度与无公害生猪生产质量监督保障制度等。

(二)加强记录档案资料管理,开创一流的生产业绩

猪场的规范化管理,还要加强种猪档案、配种繁殖记录、生产记录、免疫记录、保健给药规程、免疫接种程序、兽药及添加剂使用记录、疫苗及免疫标识使用和订购记录、疫情发生与总结报告记录、病死动物及无害化处理记录等各项资料的整理、归档管理和使用工作。所有记录,应在清群后保存2年以上,以便吸取经验教训,使猪场持续保持一流的生产水平。

(三)完善生产管理条件,获得合法的生产资格

规范化管理的猪场,还应积极地创造条件,向有关部门申请办理有关证件,以便取得合法的生产资格。如通过畜牧部门申办《动物防疫合格证》、《种畜禽生产经营许可证》、《无公害畜产品产地认定证书》及《无公害畜产品认定证书》;通过工商部门申办《工商经营许可证》;通过进出境检验检疫部门申办《出口肉类供宰动物登记备案养殖场》等。通过申办活动的开展,及有关部门对申办条件的审核验收,促进猪场不断地完善办场条件,提高生产技术水平,改进生产工艺流程,取得优质安全生猪产品的合法生产经营资格。只有这样,才能确保中小型猪场持续、高速、健康发展,才能获得理想的经济效益。

第二章 中小型猪场建设及配套设备

适宜的环境条件是预防疾病、保持猪群健康、方便饲养管理、提高饲料利用率、降低生产成本、最大限度地发挥生产潜力和增加猪场经济效益的重要措施。规模化养猪的环境控制措施从广义上讲是猪场的科学规划和布局、猪场的绿化、场区的卫生消毒等。狭义上讲是指猪舍小环境的控制,包括猪舍的建筑设计、猪舍设施设备的合理利用等。

养猪对环境的影响也应受到重视。环境保护是我国的基本国策。养猪场排出的大量粪便、污水,如果不能科学处理和利用,就会给周边地区的人们的生活环境造成不良影响。为了保障中、小规模养猪场健康和可持续发展,养猪生产者不但要重视猪场和猪舍的环境控制,更要同时重视猪场的环境保护问题。

一、中小型猪场适宜的环境条件

猪舍内温度、湿度、猪的饲养密度、猪舍内产生和聚积的有害气体、猪舍中的灰尘和微生物等环境因素对猪的生理过程、猪的健康状况、生产水平的发挥,均起着决定性的作用。中小型养猪场,只有使各类猪群处于最适宜的环境条件下,才能达到繁殖率高、成活率高、增重速度快、饲料利用率高的目的,获得最佳的经济效益。

(一) 温 度

适宜的环境温度是保证猪只正常生长发育的前提条件。猪所需要的适宜温度因其品种、年龄和类型的不同而异。详见表2-1。

第二章 中小型猪场建设及配套设备

表2-1 不同日龄和不同类型的猪所需适宜温度

日龄和类别	温度（℃）	
	冬季	夏季
0～3 天	28	
4～7 天	25	
8～15 天	24	
16～28 天	22	
29～56 天	20	各类猪群均为 18～27
幼猪(40 千克以内)	18	
肥育猪(40 千克以上)	15～16	
成年公猪、母猪	15	
分娩母猪	18～20	

表2-1可见，随着日龄和体重的增长，猪所需要的环境温度逐渐降低。

猪舍内温度过高，会降低猪的食欲，采食量减少，增重也随之降低。猪舍内温度过低时，猪为了维持体温，势必要将采食的一部分饲料转化为热能来抵御寒冷，从而使猪的日增重下降，耗料量增加。

(二) 湿　度

猪舍的湿度常用相对湿度表示。相对湿度指空气绝对湿度与同温度下饱和湿度之比。相对湿度说明水气在空气中的饱和程度。

适宜猪生活的相对湿度为 60%～75%。湿度对猪的体感温度和体热散发及增重影响极大。冬季，猪舍内湿度越大，猪体散失的热量越多，猪会感到寒冷，长期低温高湿会严重影响猪的生长发育和日增重。据研究，在高湿环境中猪血液中的血红素减少，饲料利用率和氮沉积能力下降,增重减慢。高湿,对猪的繁殖也不利,长期饲养在潮湿阴暗的环境中,母猪产仔数减少,仔猪断奶窝重降低。各种猪只适宜的相对湿度,详见表2-2。

表2-2 生产中各种猪只允许的湿度范围

类 别	适宜湿度(%)	最高湿度(%)	最低湿度(%)
种公猪	60～75	80	45
空怀及孕前期母猪	60～75	80	45
孕后期母猪	60～70	80	45
哺乳母猪	60～70	80	45
哺乳仔猪	60～70	80	45
培育仔猪	60～70	80	45
育成猪	60～75	80	45
育肥猪	60～75	80	45

(三)气 流

舍内外存在热压或风压时,空气从高气压处流向低气压处而形成气流。在自然情况下,一般有两种情况:一种是由舍内外存在温差而形成气压差,即存在热压;另一种是由于舍外有风,使猪舍迎风面和背风面形成气压差,即存在风压。气流的状况通常用风向和风速来表示。在炎热情况下,只要外界气温低于猪的体温,气流就有助于猪体散热,对猪的健康和生产力有良好作用;在低温条件下,气流增强了猪体的散热,从而加重了寒冷刺激,对猪有不良影响。猪舍内,只有保持适当的气流速度,才能使舍内温度、湿度均匀,也能保证污浊、有害气体排出舍外。据试验,舍温12℃,气流从0.12米/秒增大到0.25米/秒时,26～30千克体重的小猪散热量增加8%～10%。生产实践证明,冬季猪舍内气流速度以0.2米/秒为宜,夏季应加大至0.4米/秒以上。

(四)光 照

开放式或有窗式猪舍的光照,主要来自太阳光,也有部分来自荧光灯或白炽灯等人工照明光源。无窗式猪舍的光照则全部来自人工光源。

太阳光中红外线和可见光具有光热效应,适当照射对猪只有益。此外,太阳光中的紫外线具有杀死细菌、病毒作用,波长253.7纳米的紫外线杀菌力最强。紫外线还具有预防佝偻病的作用,波长272～295纳米的紫外线具有较强的将麦角固醇和7-脱氢胆固醇转化成维生素D_2和维生素D_3的作用。维生素D可以促进猪肠道对钙、磷的吸收,保证骨骼正常发育;还能增强机体的免疫力和抗病力。此外,光照对猪的代谢、骨骼生长以及一些酶的活性都有一定的影响。处于黑暗条件下,会使猪的生活力降低;反之,处于较长的光照时间、较强的光照强度可促进猪的性成熟。公猪在100～150勒克斯的光照下,精液品质有明显改善。光照对肥育猪的影响不太明显,猪舍内有一定光照,便于管理和饲喂就可以了。

中小型养猪场猪舍的自然采光的设计如下。自然采光常用窗地比(门窗等透光构件和有效透光面积与舍内地面面积之比,亦称为采光系数)来衡量。一般情况下,育成猪和妊娠母猪猪舍的窗地比为1:12～15,育肥猪猪舍的窗地比为1:15～20,其他猪群猪舍的窗地比为1:10～12。根据这些参数就可确定猪舍窗户面积。窗户除采光外,还可兼作进排风口。为了便于通风换气,猪舍南、北墙均应设置窗户,同时为了冬季保温防寒,常使南窗面积大、北窗面积小。炎热地区南、北窗面积比为1～2:1;夏季炎热和冬季寒冷地区其面积比为2～4:1。在窗户总面积一定时,应酌情沿纵墙均匀地多设置窗户,使舍内光照分布比较均匀。同时,还应合理确定窗户上、下缘位置,这关系到阳光照进舍内的深度和照射面积。寒冷地区的猪舍,要求冬季最冷时期的阳光能在中午前后照到猪床上；炎热地区的猪舍,要求猪舍屋檐夏季遮阳。这就应考虑当地地理和气象因素,通过计算来确定窗户上、下缘高度。当窗户上缘外侧(或屋檐)与窗台内侧所引的直线同地面水平线之间的夹角小于当地夏至日的太阳高度角时,就可以防止夏季的直射阳光进入舍内;当猪床后缘与窗户上缘(或屋檐)所引的直线同地面水平线之间的夹角等于当地冬至日的太阳高度角时,就可以使太阳光在冬至前后直射在猪床上(见图2-1)。

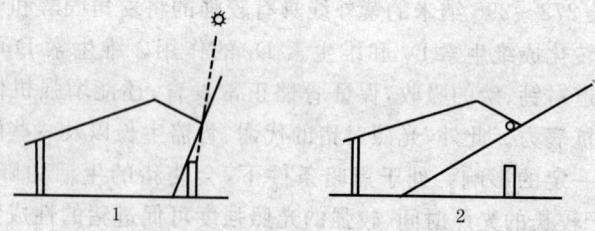

图2-1 根据太阳高度角设计窗户上缘的高度
1. 炎热地区 2. 寒冷地区

太阳的高度角,可用下式求得：

$$h = 90° - \Phi \pm S$$

式中：h——太阳高度角,Φ——当地纬度,S——赤纬。

赤纬在夏至时为$+23°27'$,冬至时为$-23°27'$,春分和秋分赤纬为0。

对于不要求直射光投照的猪舍,窗户位置可根据窗口入射角、透光角的要求,并考虑纵墙高度等来确定。入射角(α)是指窗上缘到猪舍跨度中央一点的连线与地面水平线间的夹角。透光角(β)是指窗上、下缘分别至猪舍跨度中央一点的连线之间的夹角,见图2-2。自然采光猪舍入射角要求不小于$25°$,透光角要求不小于$5°$。设窗口上、下缘到地面的高度分别为H_1和H_2,猪舍跨度中央一点到墙外皮和墙内皮的水平距离分别为L_1和L_2,见图2-2,则有 $H_1 = tg\alpha \cdot L_1$ $H_2 = tg(\alpha - \beta) \cdot L_2$。

根据 $\alpha \geqslant 25°$、$\beta > 5°$ 的要求，上两式可变为：$H_1 \geqslant 0.466L_1$，$H_2 < 0.364L_2$（陈清明 1997）。

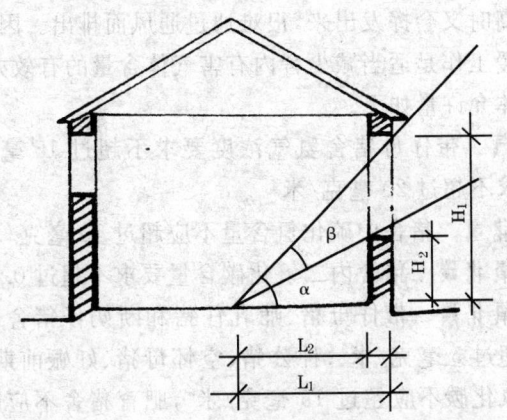

图 2-2　窗口入射角和透光角

α：入射角　　β：透光角

窗的形状对采光也有明显的影响。"立式窗"（竖长方形）在进深方向光照均匀，在舍内纵向较差。方形窗居中。设计时可根据猪舍跨度大小酌情确定。

（五）有害气体

猪舍内对猪的健康和生产或对人的健康和工作效率有不良影响的气体统称为有害气体。猪舍内有害气体通常包括氨、硫化氢、二氧化碳、甲烷、一氧化碳等，主要是由猪呼吸、粪尿、饲料、垫草腐败分解产生。

以上有害气体在浓度较低时，不会对猪只引起明显的不良症状，但长期处于含有低浓度有害气体的环境中，猪的体质会变差，抵抗力降低、发病率和死亡率升高，同时采食量和增重降低，可引起慢性中毒。这种影响不易觉察，常使生产蒙受损失，应引起重视。

中小型养猪场，冬季不能单纯追求保温而关严门窗，必须保证适当的通风换气,使有害气体及时排出。氨和硫化氢易溶于水,在潮湿猪舍内,氨和硫化氢常吸附在潮湿的地面、墙壁和顶棚上,舍内温度升高时又会挥发出来,很难通过通风而排出。因此,做好舍内防潮保暖工作是适当减少舍内有害气体含量的有效办法。猪舍内有害气体允许量如下。

1. 氨气 带仔母猪舍氨气浓度要求不超过 15 毫克/米^3,其余猪舍要求不超过 20 毫克/米^3。

2. 硫化氢 猪舍中硫化氢含量不应超过 10 毫克/米^3。

3. 二氧化碳 猪舍内二氧化碳含量要求不超过 0.15%。

4. 一氧化碳 带仔母猪、哺乳仔猪和断奶仔猪舍,一氧化碳含量不应超过 5 毫克/米^3;种公猪、空怀母猪、妊娠前期母猪和育成猪舍一氧化碳不应超过 15 毫克/米^3,肥育猪舍不应超过 20 毫克/米^3。以上值均为一次允许最高浓度。

(六) 噪 声

噪声是指能引起不愉快和不安感觉或引起有害作用的声音。噪声的强弱一般以声压级来表示,单位为分贝(dB)。

舍内噪声来源有外界传入、舍内机械运行(如风机)、饲养操作和猪发出的(人的清扫圈舍、加料,猪采食、哼叫等)。噪声对猪的休息、采食、增重都有不良影响。特别是突然的高强度的噪声会使猪死亡率增高,母猪受胎率下降,严重时会引起流产、分娩停止、难产等。噪声污染越来越引起人们重视,猪舍内的噪声应控制在50~75 分贝为宜。

在饲养管理的各个环节中应尽量降低噪声的产生。要选择噪声较小的饲养工艺,搞好场区绿化也是降低舍内噪声的有效措施。

二、中小型猪场建筑设计

猪舍是猪只生存和生产的场所。合理的猪舍应该是冬暖、夏凉、通风、向阳、干燥、空气新鲜。中小型养猪场的猪舍建筑形式、

第二章　中小型猪场建设及配套设备

结构和材料与传统养猪场相比有较大的变化,其功效也有更高要求,它必须满足规模化养猪的生产工艺流程,建立适宜的小气候环境,确保全进全出,批量生产,均衡上市。

(一)基本要求

我国冬季多西北风,故猪舍应坐北向南,偏离方向应在30°以内,应以向东偏斜为宜,详见表2-3。

表2-3　我国部分地区建筑朝向表

地　区	最佳朝向	适宜朝向	不宜朝向
北　京	南偏东或西各30°以内	南偏东或西各45°范围内	北偏西30°～60°
上　海	南至南偏东15°	南偏东30°,南偏西15°	北、西北
石家庄	南偏东15°	南至南偏东30°	西
太　原	南偏东15°	南偏东至东	西北
呼和浩特	南至南偏东、南至南偏西	东南、西南	北、西北
哈尔滨	南偏东15°～20°	南至南偏东或西各15°	西、西北、北
长　春	南偏东30°,南偏西10°	南偏东或西各45°	北、东北、西北
沈　阳	南、南偏东20°	南偏东至东,南偏西至西	东北东至西北西
济　南	南、南偏东10°～15°	南偏东30°	西偏北5°～10°
南　京	南偏东15°	南偏东25°南偏西10°	西、北
合　肥	南偏东5°～10°	南偏东15°,南偏西5°	西
杭　州	南偏东10°～15、北偏东6°	南、南偏东30°	北、西
福　州	南、南偏东5°～10°	南偏东20°以内	西
郑　州	南偏东15°	南偏东25°	西北

续表2-3

地 区	最佳朝向	适宜朝向	不宜朝向
武 汉	南偏西15°	南偏东15°	西、西北
长 沙	南偏东9°左右	南	西、西北
广 州	南偏东15°、南偏西5°	南偏东22°30′、南偏西5°至西	
南 宁	南、南偏东15°	南偏东15°~25°、南偏西5°	东、西
西 安	南偏东10°	南、南偏西	西、西北
银 川	南至南偏东23°	南偏东34°、南偏西20°	西、北
西 宁	南至南偏西30°	南偏东30°至南偏西30°	北、西北
乌鲁木齐	南偏东40°、南偏西30°	东南、东、西	北、西北
成 都	南偏东45°至南偏西15°	南偏东45°至东偏北30°	西、北
昆 明	南偏东25°~56°	东至南至西	北偏东或西各35°
拉 萨	南偏东10°、南偏西5°	南偏东15°、南偏西10°	西、北
厦 门	南偏东5°~10°	南偏东22°30′、南偏西10°	南偏西25°、西偏北30°
重 庆	南、南偏东10°	南偏东15°、南偏西5°、北	东、西
旅 大	南、南偏西15°	南偏东45°至南偏至西	北、西北、东北
青 岛	南、南偏东5°~15°	南偏东15°至偏西15°	西、北

吉林省建筑设计院:《建筑日照设计》,中国建筑工业出版社,1979,P124

猪舍依地形应建成单列、双列。每排猪舍间隔距离8~10米。各建筑物的排列要做到整齐合理,这样不但有利于道路、给排水管道、绿化、电线等合理布局,而且还有利于提高生产和管理效率。

根据生产工艺流程,猪舍建筑应按风向和地势高低依次建造种猪舍、妊娠舍、分娩哺乳舍、保育舍、生长舍和肥育舍。

(二)猪舍类型

猪舍按对环境的可控制程度分为密闭型、有窗型和半开放型等。

1. 密闭型 密闭型猪舍不设窗户,附有一套自动控制的通风系统和供暖、降温设备。但也有的密闭型猪舍在墙上开窗采光、通风。这类猪舍常用于机械化程度高的大型种猪场的产房和保育舍。其优点是受舍外气候影响较小,但投资较大。寒冷地区及条件较好的种猪场较为适用。

2. 有窗型 靠开关门窗和通气孔作为舍内温度、湿度、空气、光线和噪声的调节手段。根据需要,可安装通风机和供暖设备。适用于种猪、肥育猪,及温带地区各类养猪场。详见图 2-3(杨中和,2005)。

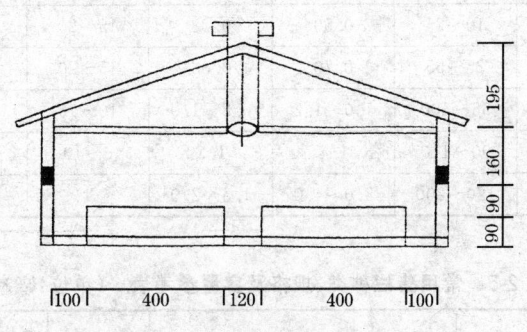

图 2-3 有窗型双列猪舍 (单位:厘米)

3. 半开放型 三面有墙,南面砌成 1.2 米的半截墙,南墙在棚外,供排粪尿、活动和日光浴用。天气寒冷时,舍外部分可覆盖塑料薄膜或卷帘,以保温。适用于我国中南部地区和普通养猪场。详见图 2-8。

(三)各类猪舍的建筑设计的特点

小型猪场可建不同类型猪舍供各类猪群使用。但北方寒冷地区公猪舍、空怀与妊娠母猪舍及肥育猪舍可以建成同一类猪舍,而母猪分娩哺乳舍、保育舍,可建造有取暖设备的同一类猪舍。大、中型养猪场要按性别、年龄、生产用途修建各种专用猪舍,如公猪舍、空怀与妊娠母猪舍、母猪分娩哺乳舍、生长肥育猪舍等。

不同猪群每头猪占用猪栏面积和采食槽长度(相当于采食猪肩部的宽度)可参考表2-4。猪栏种类、规格和容量可参考表2-5。

表2-4 各类猪只猪栏面积及采食槽长度参考表

猪别	体重(千克)	每头猪所占面积(米²)		每栏头数	采食长度(厘米)
		非漏粪地板	漏粪地板		
种公猪	120~170	7	4	1	45~50
哺乳母猪	140~200	7	3.5~4.5	1	40~45
断奶仔猪	5~10	0.32	0.26	20~24	18~22
保育仔猪	10~25	0.50	0.28	15~20	22~30
生长猪	25~55	0.70	0.38	15~20	35
肥育猪	55~100	1.0~1.2	0.8~1.0	10~15	30~40
后备猪	90~110	1.4	1.2	6~10	30~40
妊娠母猪	120~200	3.0~4.0	1.5~2.0	4	40~45

表2-5 常用猪栏种类、规格及容量参考表 (单位:毫米)

类别	长	宽	高	隔条间距	每栏饲养数量(头)
配种栏	4900	2560	公1200 母950	12	公1 母4
妊娠栏	2100	600	1000		1
产仔栏	2200	1700	500	4	母猪1

第二章 中小型猪场建设及配套设备

续表 2-5

类别	长	宽	高	隔条间距	每栏饲养数量（头）
母猪分娩栏	2100	600	1000	4	仔猪1窝
保育栏	1800	1700	700	6	1窝
生长栏	2700	1900	800	10	1窝
育肥栏	2900	2400	950	10	1窝
后备猪栏	2100	2400	1000	10	5

1. 公猪舍(栏)的建筑设计 公猪舍要置于上风向,较僻静处。公猪栏要求比母猪和肥育猪栏宽,要有较大活动场地,隔栏高度为1.2米,单圈饲养。公猪舍的面积为7~9平方米。舍内地面坡度为2%,地面不能光滑。舍内装有饲槽和自动饮水器,满足每头公猪、每天有10~13升的饮水量。大、中型养猪场,因饲养的公猪数量多,可单独建一栋单列式公猪舍。猪的人工授精室、精液检查室,应设在公猪舍的一端。

2. 种母猪舍的建筑设计 中小型猪场的母猪舍既要考虑母猪不同时期的生理要求和当地的气候特点,又要有效地利用自然的光照、通风和热能,建造一个经济实用的母猪舍,降低生产成本。

因分娩母猪、哺乳母猪及哺乳仔猪对舍内环境温度、空气质量、护理等条件要求较高,需要建造专门的母猪分娩哺乳舍,而空怀与妊娠母猪舍的建筑和生产设备相对简单一些。

(1)母猪分娩哺乳舍 母猪分娩哺乳舍的设计原则要"母仔兼顾"。因母猪在分娩过程中,生殖器官和生理状态发生了剧烈的变化,机体的抵抗力下降。所以,产后的母猪对舍内环境和生产设备条件的要求较高。分娩母猪适宜的舍温为20℃,当舍温接近30℃时母猪出现热应激,如气喘、厌食、泌乳量下降等;而当舍温偏低时,不但不利于母猪产后生理功能的恢复,而且还严重影响仔猪的存活和发育。因为初生仔猪的体温调节功能发育不健全,特别怕冷。因此,母猪分娩哺乳舍的建筑应具备良好的隔热、保温、通风、防暑等性能,还要设置必要的生产设备。

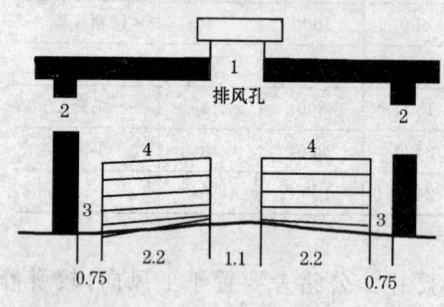

图 2-4 分娩舍剖面示意图 (单位:米)
1. 排风孔 2. 窗 3. 排粪沟 4. 分娩栏

母猪分娩哺乳舍,是猪场建筑的核心部分。可选用有窗封闭式建筑(图 2-4),分设前、后窗户,进行舍内采光、取暖和自然通风。寒冷地区,窗户应前大后小,前设立式窗,后设水平式窗;应降低房舍的净高,加吊顶棚;采用空心墙或加厚墙等措施来增加房舍的保温隔热效果。此外,必要时添加一些供暖、降温和通风等设备。母猪分娩哺乳舍的供暖可采用暖气、暖风机和火炉等方式。而暖风机既可供暖,又可以进行正压通风,但使用成本较高。对于小型养猪场,应首选火炉取暖更为经济实用。在夏季或炎热地区,可在母猪分娩哺乳舍内,采用风机与雾化喷水装置相结合的方法防暑降温。

母猪分娩哺乳舍内设置专门的高床网上分娩哺乳栏(见图 2-5)。产栏分为母猪限位区和仔猪活动区。母猪限位区是母猪分娩、生

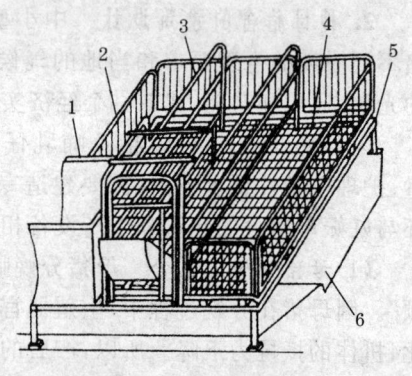

图 2-5 高床分娩哺乳栏
1. 保温箱 2. 仔猪围栏 3. 分娩栏
4. 地板网 5. 支腿 6. 粪沟

活、哺乳仔猪的地方。限位区的前部设有前门,并装置饲料槽和饮水器,供母猪下床和饮食。后部设有后门,供母猪上床、人工助产、清粪等使用。限位架通常用钢管制成。一般长 2.2 米,宽 0.6 米,高 0.9 米。这一狭小空间结构,可限制母猪活动,并使母猪不会很快地"放偏"倒下,而是以腹部缓慢着地,伸出四肢再躺下。这样,就给仔猪留有逃避受母猪踩压的机会。可有效地防止仔猪被压死、踩死。仔猪活动区设在母猪限位区两侧。一侧的仔猪活动区宽 0.8 米,有仔猪饲槽和保温箱,箱底铺设电热板(图 2-6);另一侧的仔猪活动区宽 0.5 米,设有仔猪饮水器。分娩栏间隔用 0.7 米高栅栏隔开。高床产栏底部的网由金属编制而成。地板网要架离地面 30 厘米高。使母猪和哺乳仔猪能脱离

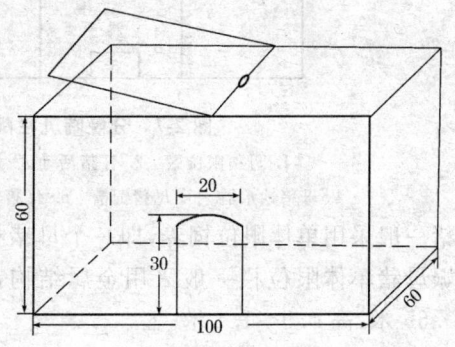

图 2-6 仔猪保温箱 (单位:厘米)

地面潮湿和粪尿的污染,有利于母猪和仔猪健康,使仔猪的断奶成活率明显提高。分娩哺乳栏各设备的配置位置见图 2-7。

产栏的数量按繁殖母猪的饲养规模和繁殖计划来确定。如果哺乳仔猪 35 日龄断奶,并进行全年均衡繁殖生产的,每 20 头繁殖母猪应设置 5 个产栏。每个产栏的前、后,都要留出足够宽的走道,供母猪上、下产栏,分娩时接产和行走饲料车(推车)用。

(2)空怀、妊娠母猪舍 空怀母猪和妊娠母猪都具有一定的抗寒性,因此多采用半开放式(图 2-8)或简易封闭式猪舍。一般小型养猪场,对空怀母猪和妊娠母猪实行群养,每栏饲养空怀母猪或妊娠母猪 4~6 头,一头母猪约占 3 平方米面积。要求地面坡度要小、防滑、定位采食,以防争食拥挤。在现代集约化猪场中,妊娠母

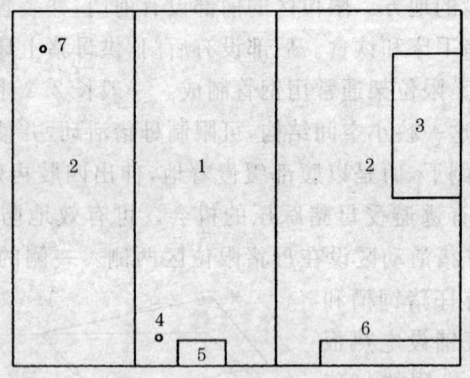

图 2-7 分娩哺乳栏配置图
1. 母猪限位区 2. 仔猪活动区 3. 仔猪保温箱
4. 母猪饮水器 5. 母猪饲槽 6. 仔猪饲槽 7. 仔猪饮水器

猪一般采用单体限位饲养,即一个母猪栏饲养一头妊娠母猪。妊娠母猪单体限位栏一般采用金属结构,长 2～2.2 米,宽 0.55～0.65 米,高 0.9～1.1 米。

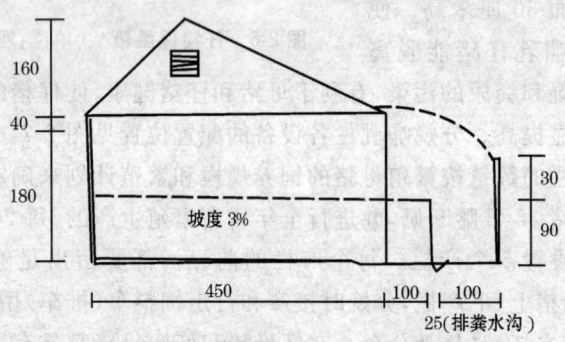

图 2-8 半开放型单列猪舍 (单位:厘米)

东北地区暖棚猪舍,适用于饲养空怀、妊娠母猪。走廊设在南侧,北侧屋墙较低,高度为 1.3 米。为保持舍温、防止猪只拱咬、屋墙用混凝土板。猪床用立砖铺成。走廊处设一条排粪沟,将污水

第二章 中小型猪场建设及配套设备

排出舍外。人工清粪。圈内长3.5~4米,可饲养妊娠母猪4~5头;圈内长2.5~3米,可饲喂肥育猪4~5头。见图2-9。

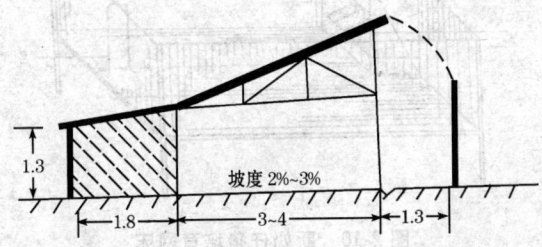

图2-9 东北地区暖棚猪舍示意图 （单位:米）

3. 仔猪保育舍的建筑设计 仔猪保育舍的建筑设计,既要考虑断奶仔猪的生理特点,又要注重经济实用。大、中型养猪场,批量断奶仔猪较多,可单独建造仔猪保育舍。在建筑仔猪保育舍时,应首先考虑取暖保温,这是影响断奶仔猪成活率的极重要的因素。因此,要选用有窗封闭式建筑,采取通暖气,生炉子和高床饲养等措施。一般中小型养猪场,常把仔猪保育舍与母猪分娩哺乳舍建在一栋。把断奶仔猪培育网床安装在母猪分娩哺乳舍的一端。仔猪培育网床是用直径5.5~6.5毫米的圆钢筋或钢丝焊接而成。网床的钢筋或钢丝之间的距离为10~12毫米,网床面长240厘米,宽165厘米,围栏高60厘米,网床距地面30~40厘米。网床内设1个自动采食箱和1个自动饮水器水嘴(图2-10)。一个网床可饲养断奶仔猪10~14头。这样可以原窝培育,可减少因重新组群带来的应激反应。保育栏个数等于分娩栏总个数的1/2。

4. 生长肥育猪舍的建筑设计 生长肥育猪舍的建筑设计要充分考虑到"四要":

(1)要具有一定的防寒隔热性能 当今,现代养猪,不论规模大小都属于商品猪生产。因此应全年均衡生产、批量上市。这就涉及四季不同的气温对肥育猪的生产性能的影响。一般情况下,

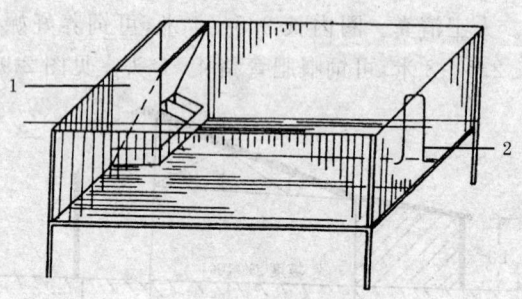

图 2-10　断奶仔猪培育网床
1. 自动采食箱　2. 自动饮水器水嘴

春、秋两季的气温对肥育猪的生产性能影响较小。但冬季、夏季，过冷或过热的气温都会使肥育猪的日增重降低、饲料转化率下降、发病率升高，因此在设计生长肥育猪舍时要充分考虑到冬季防寒、夏季防暑的要求。要求夏季舍内通风良好，没有阳光直射，舍内温度应控制在28℃以下，必要时可采取喷雾降温；冬季，舍内温度要在12℃以上。建筑选材要具有坚固耐用、防寒、隔热性能好的优点。

（2）要有合理的圈舍面积　适宜的饲养密度，不但会使猪只容易形成强弱次序，有利于肥育猪增重、提高饲料利用率，而且还会使肥育猪容易形成定点排便的好习惯。一般每圈（栏）饲养的肥育猪不超过10头，每头猪占床面积不少于0.9平方米。

（3）要供水充足　设计肥育猪舍时，要充分考虑到水源充足、水质良好、饮用方便。要使用自动供水系统。这个系统由水塔或水罐、管道、自动饮水器组成。用少量投资，就可以使猪群得到充足的饮水。但要考虑冬季防冻。

（4）要便于饲养人员的操作　操作的方便性主要表现在喂料、保持卫生和清粪排污、猪群转入和转出、洗刷消毒、疫苗注射和打针治疗等方面。这些都是设计生长肥育猪舍时应考虑的原则。

目前，商品养猪场，是投资较多、风险较大，微利的行业。一般总资金盈利率不超过15%。对于小型养猪场,在能够达到肥育猪饲养基本要求的前提下,在圈舍设计上应避免贪大求洋,尽可能地减少固定资金的投入,从而减少经营风险,获得最佳的经济效益。

三、中小型猪场常用设备

为保证中小型养猪场的正常生产,取得最佳的经营成果,猪舍内应配备猪栏和猪舍环境控制的设备,喂料、饮水和清粪设备。

不同规模养猪场的主要设备配备,详见表2-6。

表2-6 不同规模猪场主要设备配备表 (单位:头、台、件、套)

数量 设备名称	年出栏商品猪头数					
	1500	3000	5000	6000	7500	10000
公猪栏	5	10	15	20	25	30
空怀妊娠单饲栏	80	160	240	320	400	480
空怀妊娠分组饲养栏	19	34	52	76	86	116
分娩哺乳栏	24	48	72	96	120	144
保育栏	24	48	72	96	120	144
生长栏	39	79	118	158	179	237
育肥栏	25	49	74	98	123	147
后备母猪栏	3	4	6	8	10	12
风机	6	10	15	20	31	38
高压喷雾清洗消毒机	1	1	1	2	2	2
火焰消毒器	1	1	1	2	2	2
运粪车	4	6	7	8	9	10
地磅	1	1	1	2	2	2
防疫诊疗器械	1	1	1	2	2	2
饲料运送车	4	6	7	8	9	13
仔猪转运车	1	1	1	1	1	1
办公交通工具	1	1	1	1	1	1

(一)猪 栏

猪栏的构造有4种:实体猪栏、栏栅式猪栏、综合式猪栏、装配式猪栏等。

1. 实体猪栏 为钢筋混凝土预制板或半砖厚、双面抹水泥沙浆短墙等构成。优点是便于就地取材、造价较低;既能防止贼风侵袭和疾病感染,又能使相邻的两栏猪互不相见,保持安静。缺点是视线受阻,通风不良,所占面积较大。

2. 栏栅式猪栏 用钢管、角钢、圆钢等焊接成栅状,固定装配而成。优点是通风好,视线好,便于观察,便于消毒防疫,猪栏占地面积小,可利用面积大。其不足是钢材消耗量比较大,造价比较高。

3. 综合式猪栏 有两种形式:一种是相邻的隔栏采用实体短墙结构,喂饲道的正面采用栅栏结构;另一种是在猪栏的下部的大半截为砖砌实体结构,而上部以栏栅加高到应有的高度。综合式猪栏优点是可改进实体猪栏的视线差的问题;缺点是通风和舍内采光不良。

4. 装配式猪栏 随猪只体重、数量的变化,猪栏大小也可做相应的调整的猪栏叫装配式猪栏。这种猪栏的墙由立柱和钢管组成。立柱上有横向和纵向孔,将钢管穿入孔中,这样不需要在地面上固定,就可组装成大小可调整的猪栏。

猪栏的种类很多,通常是按猪只种类分为公猪栏、空怀母猪栏、妊娠母猪栏、分娩栏、仔猪保育栏和生长育肥猪栏。常用猪栏种类规格、容量。详见表2-5。

(二)饲 槽

一般,小型养猪场的饲槽,常用水泥制成,其形状呈U形。饲槽内部呈圆弧形。为了减少饲料浪费,可将其后面做成直立形、并比前面高5~10厘米。每头猪所需的饲槽长度,大约等于猪肩部的宽度。饲槽长度不足会造成饲喂时争食,个别猪吃不到食,影响

第二章 中小型猪场建设及配套设备

群体整齐度;饲槽长度太大又会造成饲料的浪费,个别猪还会踏入槽内吃食,影响卫生。饲槽尺寸见表2-7。

表2-7 饲槽的主要尺寸 （单位:厘米）

猪 别	体重（千克）	饲槽宽度	饲槽高度	饲槽长度
公 猪	140～240	40	21～23	40～50
母 猪	120～240	40	20～22	35～50
肥育猪	60～100	40	20～22	28～35
育成猪	16～59	30	15～18	20～27
仔 猪	≤15	20	10～12	17～20

在生产实践中,为了降低生产成本,可在距离砖隔墙一侧24厘米处,砌12厘米高的一行砖,然后用水泥沙浆将内部抹成圆弧状,槽缘的高度可用水泥浆抹齐、抹光即可(图2-11)。

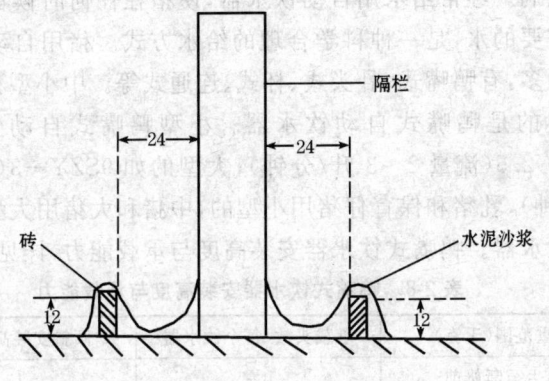

图2-11 水泥食槽示意图 （单位:厘米）

（三）供水、饮水设备

中小型猪场不仅需要大量的清洁饮用水,而且其他各生产环节还需要大量用水,这些都要由供水、饮水设备来完成。因此,供水饮水设备是规模化养猪场不可缺少的设备。

1. 供水设备 猪场供水设备包括水井提取、水罐或水箱或水塔贮存和运输管道等。

2. 自动饮水器 猪只能够随时饮用到足够的清洁饮水,是保证猪正常生理和生长发育的重要条件。一头育成猪昼夜饮水量8~12升,妊娠母猪为14~18升,哺乳母猪为18~22升。对仔猪来说,水的及时供给对其生长和发育更为重要。1周龄的仔猪,每千克活重日需水量为180~240毫升,4周龄仔猪每千克活重日需水量为190~255毫升,以后则逐渐降低。若仔猪的饮水量不足时,就可能自饮污水,致使仔猪患腹泻等病。

猪饮水的供给方式有定时给水和经常给水两种。定时给水,一般多在猪吃食前后在饲槽内放水,饲槽兼作水槽。这种给水方法往往需要人力操作、按时控制给水。此法不能按猪的生理需要及时饮到所需的水量,而且耗水量大、浪费多,饲槽饮水不卫生,易传染疾病。经常给水用自动饮水器,使猪在任何时候都能及时饮到所需要的水,是一种科学合理的给水方式。猪用自动饮水器的种类很多,有鸭嘴式、乳头式、杯式、连通式等。中小型猪场应用最为普遍的是鸭嘴式自动饮水器。小型鸭嘴式自动饮水器,如9SZY—2.5(流量2~3升/分钟);大型的如9SZY—3(流量3~4升/分钟),乳猪和保育仔猪用小型的,中猪和大猪用大型的。每栏一个饮水器。鸭嘴式饮水器安装高度与承载能力,详见表2-8。

表2-8 鸭嘴式饮水器安装高度与承载能力

体重范围(千克)	承载头数/每个饮水器	45°倾斜安装高度(厘米)
出生至断奶前	1窝	13
7~10	10	18
11~25	10	25~30
25~60	12	35~40
60~100	10	45~60

第二章 中小型猪场建设及配套设备

续表 2-8

体重范围(千克)	承载头数/每个饮水器	45°倾斜安装高度(厘米)
后备公猪	1	60~70
公猪	1	70~80
后备母猪	1	60~70
母猪	1	60~75

在北方寒冷地区塑料暖棚猪舍内,可自制简单供水系统。可在舍内打一眼15~25米深水泥管井作为水源,用小型潜水泵作为提水工具,用钢板或旧油桶制作贮水箱,并在猪舍内架起一定高度,用塑料管或钢管(直径为18~30毫米)连接贮水箱与自动饮水器,每栏设1个鸭嘴式自动饮水器,形成自动饮水系统。这个简单自动饮水系统不仅能使猪喝到清洁饮水,降低舍内湿度、节约用水,而且大大降低了工人的劳动强度,是一项简单易行的实用、高效的好设施。

(四)供热保暖设备

分娩哺乳舍、仔猪保育舍在冬季必须供热。供热有集中供热和局部供热两种方法。集中供热是利用煤、天然气、电等能源,通过热水锅炉、电热器、散热器等设备,向猪舍内放热,提高舍温。其中热风供暖方法比较常用。一般小型养猪场常用火炉供热。局部供热设备主要有红外线灯、电热保温板和仔猪保温箱。保温箱由电热板、红外线灯供热。保温箱是保证初生仔猪小环境的设备。

小规模养猪场和养猪专业户的哺乳母猪多采用地面平养,为了给仔猪创造一个加热保温、补饲的场所,可设置补饲栏网使仔猪和母猪分开。这样,可以使仔猪自由进出仔猪栏,而哺乳母猪不能进入。并在仔猪栏靠近中央通道一侧设置仔猪保温箱,箱内用红外线灯供热、采暖。并设仔猪补饲槽,进行科学饲喂。仔猪补饲隔栏示意图,详见图2-12。

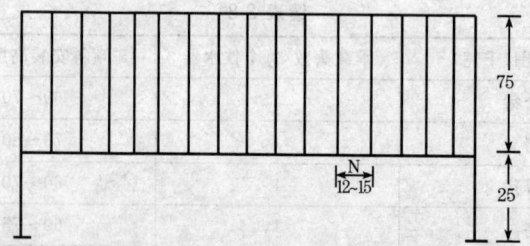

图 2-12 仔猪补饲隔栏 （单位：厘米）

（五）死猪处理设备

在养猪场，由于疾病或其他因素，总会有猪的死亡。做好死猪的处理工作是防止疾病流行的一项重要措施。对死猪的处理方法有两种：深埋法和焚烧法。对病死猪处理的设备有深坑和焚化炉。

1. 深埋法 对感染非烈性传染病而死的猪，可采用深埋法处理。具体操作程序是：在远离猪场的地方挖 2 米以上深坑，在深坑底撒一层生石灰，再放进死猪，死猪上面再撒一层生石灰，最后土埋实，土层厚应达到 1 米以上。其优点是不需要专门设备投资，简单易行。缺点是易造成环境污染。因此，在采用深埋法处理死猪时，一定要远离猪场、水源和居民区，并要在猪场下风向。

2. 焚烧法 焚烧法是在焚化炉中通过燃油燃烧器将猪尸焚烧。通过焚烧，可将病死猪烧为灰烬。这种处理方法可彻底消灭病菌，处理死猪时迅速又卫生。

（六）通风降温设备

为了排出舍内有害气体，调节局部湿度、温度和空气新鲜度，猪舍应定时或不定时地通风换气。对容积小、门窗多的猪舍，可采取打开门窗自然通风；对容积大，饲养密度高，采用漏粪地板的猪舍，要采用机械通风。机械通风，可采用排气式通风，用两级轴流风机将舍内有害气体抽出，舍外清新空气从进气口自然吸入。夏季舍温过高时，除采用通风换气降温外，还可采取喷淋方法进行舍内降温。

(七)防疫消毒设备

防疫消毒设备是维护猪场环境清洁卫生,防止疫病传播,保护猪群健康的重要设备。常用的有紫外线灯、高压冲洗喷雾消毒机、火焰消毒器、高压灭菌器及疫苗运输、贮存、接种设备等。特别是高压冲洗喷雾消毒机的喷枪可调节,既可高压冲洗,又可喷雾消毒,其优点较多,为规模化养猪场所必备。火焰消毒器,利用煤油高温雾化,剧烈燃烧产生高温,杀灭各种病原体,杀灭率可达97%,也是很好的消毒设备。

(八)粪污清除与处理设备

一般常用的设备设施有:手推粪车、粪场、刮粪机、排污沟、沉淀池、污水泵、沼气池和罐车等。

1. 粪污清除方法 目前,我国规模化养猪场粪尿的清除方式有干清粪、水冲清粪和自流清粪三种方式。

(1)干清粪 人工清除粪便或用机械刮粪,然后装入粪车通过污道送进粪场做堆集发酵处理;尿液可通过尿沟流入污水池进行发酵处理。此法适用于我国北方地区和封闭式猪舍。

(2)水冲清粪 用高压水枪将粪尿通过漏缝地板或直接冲进粪尿沟后流入粪池。此法有需水量较多、舍内湿度较大、臭气倒灌等缺点,适用于我国南部地区。

(3)自流清粪 粪尿直接流入贮粪池内,适用于小规模养猪及距粪池近的猪舍。

2. 粪污处理方法 目前,我国规模化养猪场对粪便的利用与处理办法有用作肥料、用作饲料、生产沼气等3种方法。

(1)用作肥料 粪便里含有大量的有机质和微量元素,可制成优质有机肥。但是,单位土地面积的施肥量也有一定限度,不可长期过多施用。这样,就要讲求种养平衡,合理布局养猪场。才能达到以牧促农、以农养牧、共生双赢、良性循环、共同发展的目的。据国外资料记载每平方千米农田范围内可承载肥育猪3 500头。

(2)用作饲料 粪便中含有大量未被消化吸收的营养物质,经加工处理后,不但会起到除臭灭菌,便于贮运的作用,而且还可作为饲料利用。可饲喂羊、鱼、蚯蚓等,在日粮中添加量为10%~20%。

(3)生产沼气 粪便经过厌氧菌发酵后产生沼气(甲烷)为主的混合气体,这种甲烷气体可以用来作燃料、发电等,发酵后废渣还可以用作农田肥料。

对猪场污水的处理,可采用物理处理法、化学处理法、生物处理法,将污水变为无害用水,用作农田灌溉、鱼塘养鱼等。

当今,我国养猪业正处在快速发展时期,猪场粪污造成的环境污染也日益严重。采用生物发酵床零排放养猪新技术能很好地解决这一问题。该技术以发酵床为载体,在发酵床上铺上锯末、谷壳、米糠(原料组合总体碳氮比为25∶1,为微生物菌提供生长、繁殖、活动的营养源。)和洛东酵素(微生物菌母种),混合成垫料,生猪饲养在该垫料上,垫料中的微生物菌,将猪粪尿降解、消化,使废物减量化并资源化,实现了清洁生产、健康养猪、猪舍无粪尿和污水外排。达到免冲洗猪舍(栏)、零排放、无臭味,从源头上实现环保和无公害养猪的目的。同时,所创造的舒适环境符合现代无公害养猪要求的小气候条件,减少用药量,对于提高中小型养猪场经济效益、实现清洁生产、生态循环、健康养殖提供了良好基础。使用该项新技术的中、小型猪场都说好。一致认为:应用该项新技术后,不但从源头上消除粪尿、污水的污染,而且还给养户(场)、带来实实在在的经济效益。哺乳仔猪,基本不发生仔猪黄痢、白痢病、体质健壮、生长发育快、仔猪哺乳育成率可提高8%左右;肥育猪可提前15天出栏,可节省饲料10%左右;可节省人工费40%左右;可节约用水70%(与传统养猪相比),每头肥育猪出栏,可增收人民币60元(不包括垫料的有机肥收益)。

(九)辅助设备和用具

1. 种猪的识别系统 新的耳标识别系统包括:耳标牌、耳号钳、耳号笔、备针、耳豁钳、耳洞钳等。使用耳标的好处,一是识别容易,因耳标有不同颜色、形状、规格的耳标牌、号码清楚明了。二是结实、耐用,不易脱落。三是安装操作简便迅速、安全卫生。

2. 仔猪转运车 仔猪转运车主要用于将断奶仔猪从分娩栏转运到保育栏,它有两个定向轮、一个转向轮,操作方便、快捷。

规模化养猪场常用的设备还有超声波妊娠诊断仪,背膘测定仪、剪牙钳、剪尾钳、套猪器等。

第三章 中小型猪场生产工艺流程

中小型猪场"目标管理,全进全出生产"与传统养猪的根本区别就是采用了规模化饲养的流水式作业程序,一环扣一环、有条不紊地进行系统生产。从实际情况出发,把猪群分成若干阶段,再按照猪不同生理阶段对营养和防疫、环境、管理的不同要求,制定出日常管理程序,在任何一个生产环节,同一批猪,都是"全进全出"阶段饲养,达到增加科学技术含量、提高市场竞争力、提高经济效益的目的。

"全进全出"就是指在同一时间内,将同一生长发育或繁殖阶段的猪群,全部从一类猪舍转到另一类猪舍。"全进全出"要从哺乳母猪同步断奶开始实施,力争实现同步断奶,同步发情配种、同步怀胎,同步转群。例如一个500~600头基础母猪的万头猪场,生产节奏为7日制,猪只在各类猪舍的饲养期一般以周划分,在一个单元实行全进全出。每周配种母猪27头,实际怀胎24头,进入产房分娩母猪24头。仔猪28~35日龄,体重达到5千克断奶后再停留7天,全部转入保育舍,母猪赶回配种怀胎舍。仔猪在保育舍饲养5~6周,体重达到20~25千克,全部转入生长肥育舍,再养14~16周,体重达到90~100千克即可全部出栏。总之,对饲养在各类猪舍的母猪和仔猪实行"全进全出"。"流水式作业"就是按配种—怀胎—分娩—保育—生长—育成形成一条连续运转的生产线,实行流水式作业,各个环节形成有机联系,整体按照固定的周期、稳定的节奏,连续均衡地进行规模化的生产,以生产节奏7日制为例,每周都有一群等量的母猪投入第一生产环节——配种,然后是怀胎、分娩、断奶(母猪赶回配种怀胎舍)……周而复始。"全进全出"生产工艺是均衡批量生产商品肉猪、有计划地利用猪舍和合理组织劳动力的基础。

一、中小型猪场流水式生产工艺的组织方法

(一)确定生产节奏

把组建哺乳母猪群的时间间隔(日数)叫生产节奏。生产节奏按间隔数可分为 1、2、3、7 或 10、14、21、28 日制,视养猪规模确定。大型猪场有 1 日制的,即每天都有一批肉猪出栏,相应的则每天都有一批母猪配种、产仔、断奶、仔猪育成及肥育。中小型猪场视其规模不同其生产节奏也不同。1 000 头规模小型猪场采用 28 日制,按每 28 天参配母猪 12 头、怀胎 10 头,来掌握全场的生产节奏;3 000 头规模的中型猪场多采用 2 周制。5 000~15 000 头规模的大型猪场,采用 1 周制,即以 1 周为单位组织全场生产。

以下示意图(1)和(2),均以三段饲养为例。(3)、(4)和(5),以四阶段饲养为例。均按每头母猪年产 2 窝、窝产活 9 头计算。

1. 设计规模 1 000 头,每 28 天参配母猪数 12 头,妊娠 10 头示意见图 3-1。

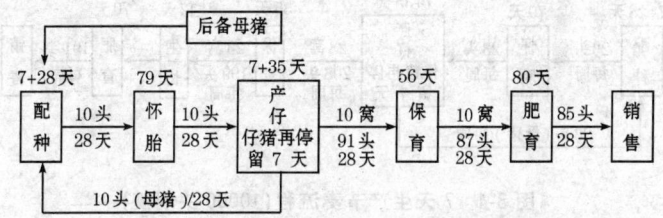

图 3-1 28 天生产节奏流程(1000 头规模)

2. 设计规模 3 000 头,每 14 天参配母猪 16 头 示意见图 3-2。

3. 设计规模 5 000 头,每周参配母猪 14 头 示意见图 3-3。

4. 设计规模 10 000 头,每周参配母猪 27 头 示意见图 3-4。

5. 设计规模 15 000 头,每周参配母猪 41 头 示意见图 3-5。

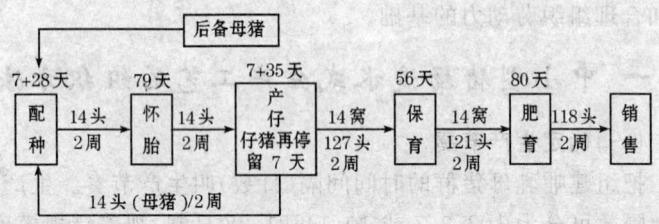

图 3-2　14 天生产节奏流程(3000 头规模)

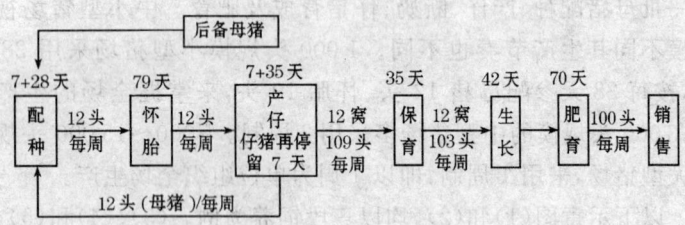

图 3-3　7 天生产节奏流程(5000 头规模)

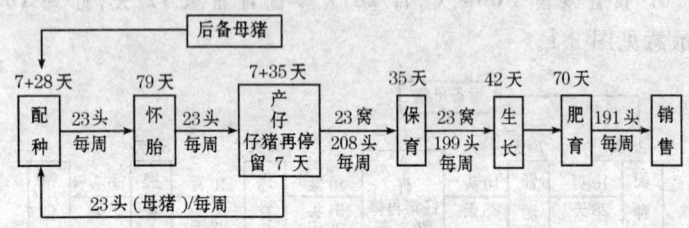

图 3-4　7 天生产节奏流程(10000 头规模)

(二)确定工艺参数

猪场管理者,只有了解规模养猪生产工艺参数,才能准确地计算出场内各期、各生产群猪的头数和存栏头数,才能推算出各类猪群所需要猪舍的栏位数、饲料需要量和产品数量。

1. 公猪生产性能的参数　初配月龄为 8 月龄,初配体重为 120~130 千克,每头种公猪负担 25~30 头母猪本交配种任务,种

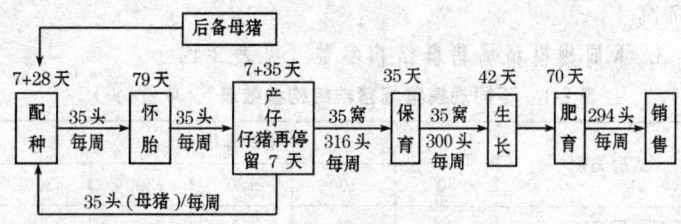

图3-5 7天生产节奏流程(15000头规模)

说明：①在方框上方数字表示该类猪群在栏内停留的天数，如:7+28表示母猪提前7天进配种舍,待发情鉴定确认已怀胎,再停留28天后转入怀胎舍。7+35天(产仔栏)表示临产母猪提前7天进入分娩舍,35天表示母猪哺乳35天(即仔猪35日龄断奶)。79天表示怀胎母猪在怀胎舍停留79天。42天表示生长猪在生长舍停留42天。②箭头则表示从上一个阶段转入下一个阶段的数量和节奏。

公猪年更新率为33%,每3头成年公猪选留1头后备公猪。

2. 种母猪繁殖性能参数 妊娠期平均114天；哺乳期4、5、6周(28、35、42天);空怀期14天(7～21天)、发情周期21天,母猪断奶后5~10天发情配种,发情期受胎率为85%~90%。成龄母猪年淘汰率为25%,后备母猪头数应是成龄母猪头数的25%～30%。育肥猪淘汰率为2%。母猪窝产活仔猪10头。哺乳期存活率为90%。育成猪存活率为95%。

母猪年产仔窝数计算方法是：

年产仔窝数 = 365天/年 ÷ (114 + P + H + 21 × B + 21 × E)

式中:P—哺乳期(以35天为例)；

H—母猪断奶到第一次发情的平均天数(为14天);

B—发情期配种空怀率(为15%);

E—发情期长短误差(为10%)。

依据上述参数计划年产仔窝数是：

年产仔窝数 = 365 ÷ (114 + 35 + 14 + 21 × 0.15 + 21 × 0.1) =

2.17 窝

3. 不同规模猪场猪群结构参数 见表3-1。

表3-1 不同规模猪场猪群结构参数表 （单位：头）

猪群类别	生产母猪				
	80	100	120	200	300
空怀配种母猪	20	25	30	50	75
妊娠母猪	40	50	60	100	150
分娩母猪	20	25	30	50	75
公猪（包括后备公猪）	4	5	6	10	15
后备母猪	8	10	12	20	25
哺乳仔猪	160	210	240	430	650
全年上市商品猪	1250	1620	2020	3060	5010

4. 各种类群猪的每栏饲养头数及占地面积参数 见表3-2。

表3-2 各种类群猪每栏饲养头数及占地面积

群 别	每栏养猪头数	每头占地面积（米^2）
母猪配种后21天	1	1.0～1.2
母猪妊娠前期	4	2.0
母猪妊娠后期	2	4.0
种公猪（配种期）	1	6.0～8.0
种公猪（非配种期）	1	2.0～4.0
育成猪（断奶至70日龄）	8～10头（原窝）	
哺乳母猪	1	4.0
肥育猪（71～170日龄）	8～10头（原窝）	0.7～0.8

5. 不同规模商品猪场猪群结构参数 见表3-3。

表 3-3　不同规模商品猪场猪群结构参数

饲养规模		头均年产窝数						
		1.6	1.7	1.8	1.9	2.0	2.1	2.2
年出栏 1000 头	基础母猪头数	76	70	66	64	60	58	55
	母猪头均年出栏肉猪头数	13.5	14.4	15.2	15.7	16.7	17.5	18.4
	年出栏肉猪总头数	1004	1005	1002	1003	1006	1005	1008
年出栏 3000 头	基础母猪头数	223	209	198	191	180	171	163
	母猪头均年出栏肉猪头数	13.5	14.4	15.2	15.7	16.7	17.5	18.5
	年出栏肉猪总头数	3002	3009	3009	3004	3006	3008	3005
年出栏 5000 头	基础母猪头数	371	348	329	319	300	286	272
	母猪头均年出栏肉猪头数	13.5	14.4	15.2	15.7	16.7	17.5	18.4
	年出栏肉猪总头数	5002	5003	5001	5005	5010	5005	5004
年出栏 10000 头	基础母猪头数	741	695	658	637	599	572	544
	母猪头均年出栏肉猪头数	13.5	14.4	15.2	15.7	16.7	17.5	18.4
	年出栏肉猪总头数	10003	10006	10001	10001	10003	10010	10009

6. 商品猪群生长发育参数　见表 3-4。

表 3-4　商品猪群生长发育参数

项　目	参　数
仔猪初生重	1.2 千克
乳猪 35 日龄断奶重	6.5 千克
小猪 70 日龄转群重	20 千克
中猪体重 25~60 千克	日增重 620~650 克
大猪体重 61~100 千克	日增重 750~830 克
每头母猪年产肉量（活重）	1570.0 千克
后备公、母猪 8 月龄配种时体重	120~130 千克，日增重 430~500 克

续表 3-4

项 目	参 数
初产母猪妊娠期增重	60 千克
经产母猪妊娠期增重	30 千克
分娩失重	17~18 千克
初产母猪哺乳期失重	20~30 千克
经产母猪哺乳期失重	16~18 千克
平均每头母猪年出栏商品猪	17~19 头

二、中小型猪场肥育猪生产工艺流程

由于设备条件、规模大小和饲养阶段猪群头数多少的不同,可分为两段式生产工艺、三段式生产工艺、四段式生产工艺等。

(一)两阶段肥育饲养,一次转群工艺流程

年出栏 1 000 头以下的商品猪场,多采用两阶段饲养,一次调群的工艺流程。优点是生产管理简便、节约用地面积、减少应激反应。缺点是母猪分娩日期比较分散,不易批量生产和外调。

两阶段饲养工艺,是将种母猪分为空怀、妊娠和哺乳阶段。在整个生产过程中,母猪只经过 1 次转群,也就是从妊娠猪舍转到分娩猪舍再返回;仔猪也只经过 1 次转群,进行两阶段肥育饲养。也就是仔猪在 35 日龄断奶后仍留在分娩舍,进行原圈培育,一般停留 6~8 周,当体重达到 30~35 千克,再转到肥育猪舍。当其体重达到 90~110 千克时出栏上市。如果用三元杂交商品仔猪育肥,出栏时间基本在 160~179 日龄。

这种工艺流程,只需建造公猪舍(栏)、母猪舍(栏)、分娩舍(栏)和肥育舍(栏)。两阶段肥育饲养工艺流程,见图 3-6。

(二)三阶段肥育饲养,两次转群工艺流程

三阶段肥育饲养,两次转群的工艺流程适用性最广,特别是

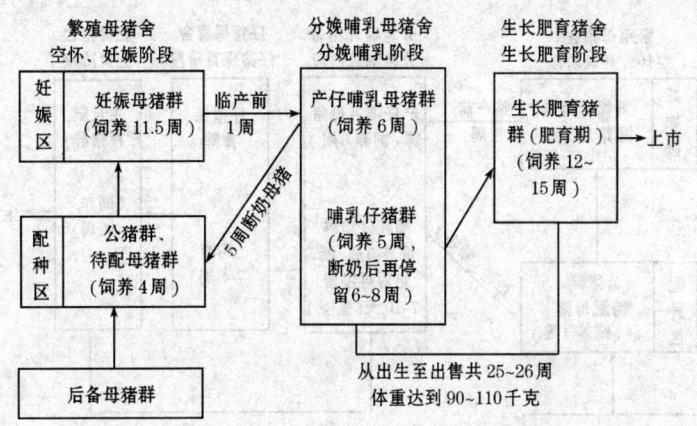

图 3-6 两阶段肥育饲养工艺流程示意图

中、大型规模化养猪场(年出栏 5 000~10 000 头)采用最多。它确实能体现出"规模饲养,目标养猪"、"全进全出"、分段饲养的流水式作业。这不但能使猪栏都得到有效的利用,而且还节约了不少建筑面积。同时还能利用猪的两次转群期间,进行定期的防疫、驱虫和更换饲料等工作。这样,不但减少了猪的应激反应,而且还有利于育肥猪的快速生长。

三阶段肥育饲养、两次转群的方法是:哺乳仔猪 35 日龄断奶,母猪离开产房(舍)返回配种舍。断奶仔猪在原舍再停留 1 周后(主要为减少应激),转入保育舍,再保育 7 周(高床网上式或地面平养)。当仔猪体重达到 35 千克左右,再转入肥育猪舍饲养,饲养 84 天后,出栏上市。

三阶段肥育饲养,两次转群的生产工艺流程,见图 3-7。

(三)四阶段肥育饲养,三次转群工艺流程

四阶段肥育饲养,三次转群工艺流程,多是大型猪场采用(年出栏 10 000~15 000 头商品猪场)。这一生产工艺流程,是在三阶段肥育饲养工艺流程的基础上,在保育猪和育肥猪阶段中间,增加

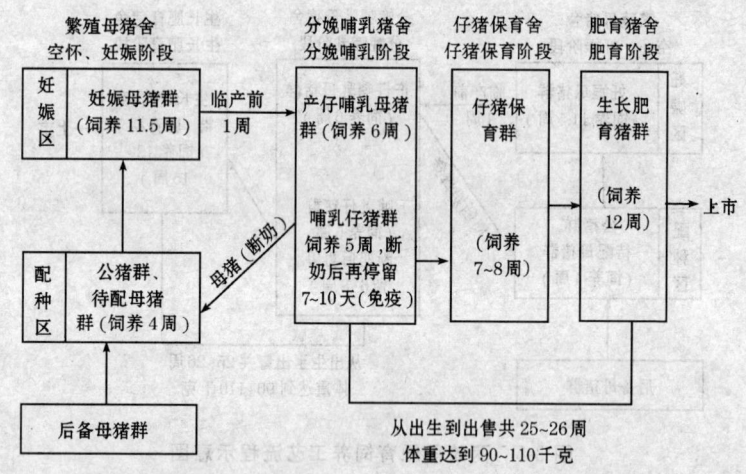

图 3-7 三阶段肥育饲养,两次转群工艺流程图

了一个生长猪阶段。是从肥育阶段中分出来的,其主要目的是节约建筑面积,降低养猪成本。肥育猪平均每头占用猪栏 1.2 平方米,而生长猪仅占 0.7 平方米。同时,还有利于在第二次和第三次转群期间,搞好定期防疫、驱虫、消毒猪栏等工作。可避免人为失误。

四阶段肥育饲养、三次转群的工艺流程见图 3-8。

第三章 中小型猪场生产工艺流程

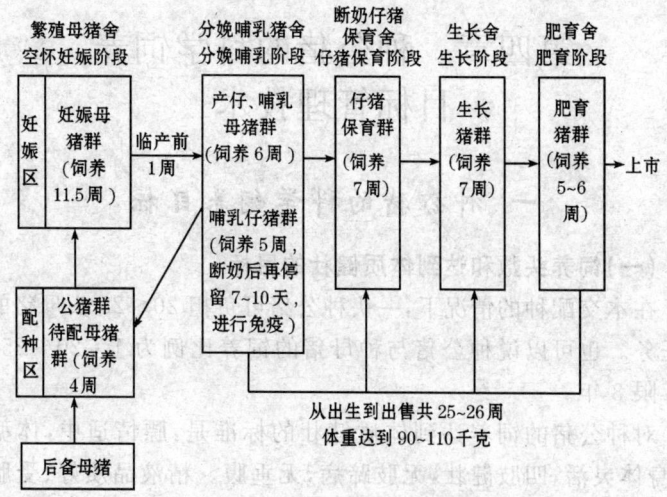

图 3-8 四阶段肥育饲养,三次转群工艺流程图

第四章 种公猪的科学饲养目标管理技术

一、种公猪的科学饲养目标

(一)饲养头数和达到体质健壮的目标

在本交配种的情况下,一头种公猪可负担20~25头母猪的配种任务。也可以说种公猪与种母猪的饲养比例为1:20~25,利用年限3年。

对种公猪的饲养达到体质健壮的标准是:膘情适中,体型良好,身体灵活,四肢健壮,无肢蹄病,无垂腹。精液品质好、受胎率高。

(二)繁殖性能目标

每次射精量要达到250毫升以上,精子总数要在250亿~600亿个。

畸形精子率要在10%以下。

与所配的母猪一次情期受胎率:初产猪的配种受胎率80%以上;经产猪的配种受胎率90%以上。

(三)费用控制目标

1. 饲料 每头每日供应饲料3.0~3.2千克。

2. 兽药费(不含防疫、消毒费) 平均日存栏每头每月0.5元核算。

要实现种公猪的"三个目标",必须从品种、饲料、管理、圈舍条件和提高配种技术抓起,方可实现。

二、种公猪的选择标准

种猪的质量是提高猪场生产水平的重要环节。引进种猪时,

第四章 种公猪的科学饲养目标管理技术

应从具有《种猪生产许可证》、《动物防疫合格证》,无规定疫病,有系谱档案资料的正规种猪场选购种猪。

应从该纯种猪群中,选头大额宽,体躯宽深,背平腿粗,骨骼粗大,行走有力,睾丸大而匀称,性欲旺盛,精液品质良好,体质健壮,抗病力强,后裔品质良好,生长速度快,饲料转化率高,背膘厚,遗传性能稳定的公猪群中选取。

(一) 品种选择

根据杂交目标的不同,应选择相关的品种。一般用作父本品种者,应以其生长速度、胴体性状表现为主,可选杜洛克、长白、汉普夏、大约克、皮特兰等种公猪。

(二) 几个主要父本种猪的推荐

1. 杜洛克猪

【产地与分布】 原产于美国东北部,是世界四大著名猪种之一。多年来,我国曾先后从英国、美国、日本、丹麦、匈牙利等国引进。现已遍布全国各地,多为美系和匈系。

【外貌特征】 全身被毛金黄色或棕红色,色泽深浅不一,皮肤上有小黑斑,但不得有黑毛和白毛。两耳中等大、略向前倾、耳尖稍下垂,头小而清秀,嘴短直;胸宽且深,背腰生长期呈平直状态,后期逐渐呈弓形;后躯的腿、臀肌肉丰满、发达,四肢及骨骼粗壮,蹄呈黑色、多直立。

【生产性能】 成年公猪体重350千克左右,成年母猪300千克左右。母猪6~7月龄开始发情,发情周期21天,持续2~3天,妊娠期115天,初产仔猪9头左右,经产母猪窝平均10头以上。初生仔猪个体重1.3千克,双月断奶个体重16千克。早熟、生长快,生后6个月体重可达90千克以上,平均日增重600~700克,饲料转化率2.8:1。体重90千克时屠宰,屠宰率为71%~75%,胴体瘦肉率60%以上。

【杂交利用】 杜洛克猪一般用作二元杂交的父本或多元杂交

的终端父本,表现出较好的杂交效果,其商品猪适应性强,生长发育快,瘦肉率高,深受用户欢迎。

【主要优缺点】 优点:体质健壮、抗逆性强,对饲养条件比其他瘦肉型猪要求低,生长发育快,饲料转化率高,胴体瘦肉率高,肉质较好。缺点:胴体较短,四肢系部比较弱,母性稍差,不耐高温。

2. 长白猪(兰德瑞斯猪)

【产地与分布】 原产于丹麦,是用英国大约克夏猪与丹麦当地土种白猪杂交改良而成,至今已有上百年的历史,是世界上数量最多、分布最广,瘦肉率较高(60%左右)的瘦肉型品种。

我国自1963年开始,相继从瑞典、英国、荷兰、日本、丹麦等国引进,进行扩群繁殖,选育推广。目前,全国各地均有饲养。

【外貌特征】 全身白毛,嘴长,耳大前倾而覆盖面部,背线平直、稍呈弓形,腹平,后躯发育良好,整体呈楔形。四肢健壮,大腿肌肉发达,身体较长,肋骨16~17对,比一般猪多1~2对。遗传性能稳定,有效乳头6~8对。

【生产性能】 成年公猪体重400千克左右,成年母猪300千克左右。公猪6月龄性成熟,8月龄开始配种。母猪发情周期为21~23天,持续2~3天,妊娠期112~116天。经产母猪平均产仔10~13头,仔猪初生个体重1.2~1.4千克。22月断奶个体重可达15~18千克,其生长发育迅速,生后6个月体重可达90千克以上,平均日增重550~800克,饲料转化率3.0~3.5:1。体重90千克时屠宰,屠宰率为70%~75%,胴体瘦肉率53%~65%。

【杂交利用】 该猪种几十年来,经饲养和本土驯化,其适应性有了明显提高。利用长白猪作父本与当地原有猪种(包括杂种母猪)杂交,表现出较好效果。育肥猪在一般饲养条件下,5月龄体重可达80~90千克,屠宰率为70%,胴体瘦肉率61%以上。在规模饲养和工厂化饲养水平较高的情况下,其杂交优势尤为明显。

【主要优缺点】 优点:产仔多,繁殖性能好,体型大,生长发育

第四章 种公猪的科学饲养目标管理技术

快,饲料转化率和胴体瘦肉率高。长白猪与地方品种猪间杂交生产瘦肉型猪,多选作第一父本利用,品质优良。缺点:对蛋白质饲料要求较高,对饲料中矿物质、维生素的缺乏反应特别敏感。四肢较软,易患皮肤疾病,母猪发情时征候不够明显。

3. 大约克夏猪(大白猪)

【产地与分布】 原产地英国,是由英国本地猪与我国华南猪杂交选育而成,至今已有百余年历史。

【外貌特征】 全身白毛,体格大且体型匀称,头颈比较瘦长,面稍微凹,耳大小适中、稍直立;体躯较长,胸部深广,背平直、略呈弓形,臀部和后腿较为丰富,四肢坚实有力。

【生产性能】 成年公猪体重300千克左右,成年母猪250千克左右。母猪5月龄开始发情,发情周期18~22天,发情持续3~4天,妊娠期115天。经产母猪平均每窝产仔10~12.5头,仔猪初生个体重1.3~1.5千克,双月断奶个体重18千克左右。生长发育快,一般生后6个月体重可达100千克,平均日增重700克左右,饲料转化率3~3.5:1。体重90千克屠宰,屠宰率73%左右,胴体瘦肉率61%以上。

【杂交利用】 利用大约克夏猪为父本,分别与当地品种或血缘不清的杂种猪进行杂交,能使猪的生长速度及胴体瘦肉率得到明显改进,特别是在提高猪的瘦肉率上。该品种往往与长白猪杂交时用作母本。

【主要优缺点】 优点:产仔数多,繁殖性能优良,体质结实,适应性强,肥育猪增重迅速,肉的品质好,饲料利用率高。群众反映比长白猪好喂养。缺点:胴体中脂肪稍多,不耐粗饲,前期生长较慢;蹄质不够坚实,易患皮肤疾病。

4. 汉普夏猪(银带猪)

【产地与分布】 原产于美国。在美国瘦肉型猪种中分布最广。1972年美国总统赠送我国一公一母,近20年来,我国又从日本、美国等引入种猪。但由于毛色原因,现在我国饲养量较少。

【外貌特征】 汉普夏猪被毛为黑色,仅在肩颈结合部有一白带(包括肩和前肢)围绕。嘴较长直,耳中等大且直立;体躯较长,背线微呈弓形,后躯臀部肌肉发达,四肢比较结实。

【生产性能】 成年公猪体重350千克左右,成年母猪体重300千克左右。经产母猪窝产仔平均8~9头,仔猪初生个体重1.3千克,双月断奶个体重15千克以上;育肥猪6月龄活重达90千克,平均日增重650~700克,饲料转化率3∶1左右。体重90千克时屠宰率达71%~75%,胴体瘦肉率达60%以上,而且肉的品质也较好。

【主要优缺点】 优点:生长发育快,饲料转化率高,胴体瘦肉率高,肉质优良,后腿肉比例大。缺点:产仔数少,哺育率较低;性欲及发情征候不明显,耐热性较差。

5. 皮特兰猪

【产地与分布】 皮特兰猪原产于比利时,是由法国的贝叶杂交猪与英国的巴克夏猪回交,然后再与英国大白猪杂交育成。

【体型特征】 被毛灰白夹杂有黑斑,偶尔有棕色毛。头部清秀,嘴大而直,两耳略向前。体躯呈圆柱状,腹背平直,肩部肌肉丰满,背宽大,体长1.5米左右。

【生长性能】 生长迅速,6月龄体重可达90~100千克。日增重750克左右,饲料转化率为2.5~2.6∶1。90千克体重屠宰时,屠宰率76%,胴体瘦肉率高达70%。

公猪一旦达到性成熟就有较强的性欲,调教一次即可成功。射精量达250~300毫升。母猪初情期一般在190日龄,发情周期18~21天,产仔数每窝10头左右,仔猪育成率达95%左右。

【杂交利用】 皮特兰猪多用作父本进行二元或三元杂交。用皮特兰公猪配长×上(长白猪配上海白猪)杂交母猪,其三元杂种猪在育肥期间日增重为730克左右,每千克增重消耗配合饲料

第四章 种公猪的科学饲养目标管理技术

2.99千克,胴体瘦肉率达65%左右。

【主要缺点】 该品种繁殖力低,后期生长慢,肌纤维粗,肉质差,特别是应激反应过强是其最大的缺点。

三、种公猪的科学饲养管理技术

搞好种公猪的科学饲养管理,是实现种公猪"三个目标"必备的要素。

(一)科学的饲养原则与饲养方式

1. 科学的饲养原则 主要有3个饲养原则。

一是给种公猪配制适宜的饲料配方,做到日粮标准稳定。设计种公猪日粮配方时,灵活应用种公猪饲养标准(附录A),主要考虑提高种公猪繁殖性能。要求日粮中的能量饲料适中,要富含优质蛋白质、维生素和矿物质饲料。还要考虑到适口性和日粮容积不能过大,否则公猪易垂腹。

日粮中的植物性蛋白质饲料可采用豆饼、花生饼、菜籽饼。切不可用棉籽饼,因为其中的棉酚会杀死精子。还要增加动物性蛋白质饲料的比重(如优质鱼粉),提高精液品质。

注意日粮中的维生素,尤其是维生素A、维生素D和维生素E的缺乏,矿物质饲料钙、磷和微量元素硒等的缺乏,都能影响种公猪的精液品质和精子活力。严禁饲喂发霉变质和不洁净的饲料。

典型的种公猪日粮配方可参考表4-1。

表4-1 种公猪日粮配方 (%)

饲料配方与营养成分	非配种期		配种期		
	1	2	1	2	3
玉 米	43.0	43.0	43.0	38.2	60.0
大 麦	35.0	35.0	28.0		8.0
麸 皮	8.0	5.0	7.0	12.8	10.0

续表 4-1

饲料配方与营养成分	非配种期		配种期		
	1	2	1	2	3
豆 饼	7.0	8.0	8.0	19.0	14.0
高 粱				5.0	
葵花籽饼				4.0	
抹食豆干草粉					6.0
苜蓿草粉	6.0	8.0	6.0	6.0	
槐叶粉					
鱼 粉			6.0		
骨 粉			1.5	0.8	
石 粉				0.8	1.5
贝壳粉	0.5	0.5			
食 盐	0.5	0.5	0.5	0.6	0.5
酒 糟				12.8	
合 计	100	100	100	100	100
消化能(兆焦/千克)	12.40	12.7	13.0	13.33	13.25
粗蛋白质(%)	13.0	12.8	15.3	14.2	14.3
粗纤维(%)	4.5	4.9	5.4	5.7	5.5
钙(%)	0.59	0.58	0.8	0.6	0.7
磷(%)	0.46	0.48	0.65	0.5	0.4
赖氨酸(%)	0.47	0.55	0.78	0.56	0.8
蛋氨酸+胱氨酸(%)	0.33	0.34	0.45	0.44	0.65

注:日粮中要另加维生素和微量元素

二是给种公猪适宜的运动量。适当的运动量,不但可以保证种公猪有旺盛的性欲,而且还有助于精子活力的提高,增加受胎率。一般要求每天上、下午各运动一次,每次 1～2 小时。可实行

第四章 种公猪的科学饲养目标管理技术

逍遥运动和驱赶运动相结合。夏天,运动时间应安排在早、晚凉爽时间进行。春、秋季节,应在午后暖和时进行。天气不好时,不宜做户外运动。目前,实行工厂化养猪生产,公猪因为没有运动条件,造成种公猪的利用年限短,淘汰率增加。

三是给种公猪适宜的调教方法,减少种公猪生殖器官的损伤,提高其利用价值。种公猪性成熟以后,会产生互相爬跨和自淫,造成种公猪生殖器官的损伤,严重地影响其种用价值。因此,要及时地做好调教工作。要耐心地纠正其在交配过程中或人工采精过程中不正确的姿势和动作。对初学配种的种公猪,要选择体重相当、需重配的母猪配种(爬跨时母猪不走动,成功率高)。交配时,要用手心托住包皮对准阴门进行本交配种。否则,会造成阴茎疼痛或损伤,而失去种用价值。对人工采精用的种公猪,在调教的过程中应首先让种公猪熟悉母猪台和各种器械,操作人员的动作要规范,以防在采精过程中造成阴茎损伤。

2. 正确的饲养方式 可分为一贯加强饲养法和配种季节加强饲养法,均采取限制饲喂,做到定时定量,日喂3次,分早、中、晚进行。还要根据公猪的年龄、体重、肥瘦度以及配种频率来相应调整。

(1)一贯加强饲养法 适用于母猪全年分娩的猪场。种公猪要负担全年的配种任务。因此,全年都要均衡地保持种公猪所需要的较高的营养水平,保证种公猪对能量和蛋白质的需要:每千克配合饲料含可消化能12.97兆焦,粗蛋白质15%,日喂量为2.5～3.0千克。

(2)配种季节加强饲养法 适用于母猪实行季节分娩的场(户)。在配种前1个月对种公猪逐渐加强营养。在配种季过后,逐渐降低营养水平,但是要供给维持种公猪体况的营养物质。非配种期的营养标准是:每千克配合饲料含可消化能12.55兆焦,粗蛋白质14%,日喂量2.0～2.5千克。

(二)科学的管理程序

1. 单圈饲养 单圈饲养可减少外界环境干扰,防止公猪相互爬跨、咬斗和自淫现象发生。如果是本场培育的种公猪,在断奶后可小群饲养。但在性成熟以后,就应及时分开单圈饲养。如果是新购入的种公猪,应当隔离饲养30天,并要驱虫和免疫注射,确认无病后,方可调入种公猪舍单圈饲养。

2. 定期刷洗猪体,加强性功能活动 每天定时用刷子刷拭猪体1~2次,热天结合淋浴冲洗。这样不但可使猪体保持清洁、促进血液循环、提高皮肤代谢和热的调节功能,而且还能少患体外寄生虫病。但要注意交配后1小时内不能给种公猪洗澡。否则公猪突然遇到冷刺激容易造成机体代谢功能紊乱,而丧失配种能力。

3. 锯牙和修蹄,实现人、猪双安全 为了保证饲养员的安全和避免种公猪间咬架,出现伤亡事故,常将公猪的犬齿锯断,每年进行1次。同时,还要注意修整公猪的蹄子,目的是防止患肢蹄病,防止种公猪交配时刺伤母猪。修蹄时间视蹄壳长短而定,如果过长,就要将其削短。

4. 定期称重,使种公猪保持中上等膘情 给种公猪定期称重,目的是根据体重变化来检查日粮是否适当。如果不适当,要及时调整,以防止种公猪过肥或过瘦。如果是成年公猪体重无大变化时,每年称重一次。

5. 定期检查精液品质,保证种公猪的种用价值 配种季节要重视精液品质的检查,最好每10天检查1次。要根据精液品质的优劣及时调整日粮的营养水平。精子活力超过0.8以上,密度中以上,才能使用。对不经常使用的种公猪,再次使用前,也要进行精液检查。

6. 建立日常的管理制度,防止公猪早废 要合理安排种公猪的饲喂、饮水、配种、刷拭、休息等各项工作,由专人管理,在固定时间内完成。这是延长种公猪使用年限、防止早废的好办法。如果种公猪是合圈饲养的,在每次配种后不能立刻回群,应休息0.5~1小时,待其身上的母猪气味消失后,再归群。否则会造成其他公猪的爬跨,使其早废。如果是单圈饲养的公猪,也应在配种后休息十几分钟后再关入圈内。夏季配种后,不能让公猪马上到泥潭、水池打滚洗澡,或人为地浇凉水。否则会严重地影响公猪的配种能力。

定期地进行疫苗注射和驱虫。圈舍要保持清洁、干燥和阳光充足。老龄公猪要正常的淘汰更新。种公猪一般使用3年,淘汰更新率为30%~40%。

7. 建立种公猪档案 对种公猪的来源、品种(品系)、父母耳号和选择指数,个体生长情况、精液检查结果、繁殖性能测验结果等项均有相应卡片记录在案,填写日报表。

四、科学的配种技术

(一)性成熟和体成熟

性成熟是指青年公猪开始产生精子,青年母猪出现发情、排卵、有性欲,此时配种,可以繁殖后代。猪达到性成熟以后,身体仍处于生长发育阶段,经过一段时间后,一般在8~10月龄,才能达到体成熟。性成熟只表明生殖器官开始具有正常的生殖功能,并不意味着身体发育完全。如果此时开始配种,会影响其身体的发育,降低其使用价值,缩短使用年限,产仔少而弱。一般达到体成熟后配种最适宜。

(二)种公猪最佳配种年龄和使用强度

一般国外引进品种,如长白猪、杜洛克和皮特兰等公猪,在6~7月龄,体重65~75千克时,出现性成熟。这时还不能参加配种。最佳的配种年龄一般在8~10月龄,体重达到120~130千克时,开始用于配种比较合适。

种公猪配种要有计划性,特别是在配种高峰的季节里,更应合理地使用种公猪。种公猪的使用,要根据年龄老幼和体质强弱合理安排,健康的后备种公猪满1岁即可配种。在生产中,1～2岁的青年公猪为青年阶段,每2～3天配种或采精1次;2～5岁为青壮年阶段,生殖功能旺盛,在饲养管理水平较高的情况下,每天配种1次,必要时每天配种2次,配种1次者,可在早饲后1～2小时进行;配种2次者,应在早、晚各配1次,连配4～6天后,应该休息1天;5岁以上的公猪为老年阶段。由于年老体弱,每隔1～2天配种1次。

如果采用人工授精,成年公猪每周采精4天,每天1～2次,然后休息。如果种公猪初次使用,或有一段时间没有使用,第一次采集的精液应废弃不用。因为长时间储存在体内的精子活力下降,精液品质也差,受胎率也不高。

(三) 种公猪配种方式的选用

依据母猪在一个发情期内的配种次数不同,可将配种方式分为单次配种、重复配种、双重配种和多次配种。

1. 单次配种 在母猪一个发情期内,只用1头公猪交配1次。此法应用较少。这种配种方式的优点是能提高公猪的利用率。但是,只有饲养人员具有丰富经验、能掌握好配种时机时,才能获得较高的受胎率。

2. 重复配种 在母猪一个发情期内,用同一公猪先后配种2次。一般在发情开始后20～30小时交配1次,间隔8～12小时后再用同一头公猪交配第二次。这种配种方式的受胎率和产仔数都比单次配种高。育种猪群多采用此法,既可增加产仔数,又不会混乱血缘关系。

3. 双重配种 在母猪一个发情期内,用不同品种的2头公猪或同一品种不同血缘的2头公猪,先后间隔10～15分钟各配种1次。商品猪场多采用此法。这种配种方法不但可以提高受胎率、产仔数,而且还能增加仔猪的整齐度和健壮程度。

4. 多次配种 在母猪一个发情期内,用同一头公猪先后配种3次或3次以上。这种配种方法,适用于初产小母猪和国外引进猪种。这种配种法妊娠率高、产仔也较多。这是因为母猪发情后26(24～38小时排卵,而经产母猪发情后 26～48 小时)小时开始排卵,应用 3 次配种法在母猪排卵前、排卵中、排卵后都有活力强的精子在输卵管峡部等待卵子,这又叫"三头堵一头"。

三种配种方法的比较见表4-2。

表4-2 不同配种方式比较

配种方式	母猪数	受胎率(%)	窝产仔数
单次配种	128	62.9	8.5
双重配种	168	88.8	10.6
多次配种(3次)	206	90.2	11.6

生产实践证明,在母猪一个发情期内,配种 1～3 次,产仔数随着配种次数的增加而增加。但配种 4 次,产仔数有下降趋势。因此,初次配种的母猪应在第三个情期开始配种,以配种 3 次为宜;经产母猪以配种 2～3 次为宜。提倡母猪在一个发情期内配种 3 次。

(四)适时配种

配种时间掌握得准不准,交配行为完成得好不好,直接影响精子和卵子的结合、影响合子的发育,进而影响猪的繁殖力。

母猪适宜的配种时间,是决定母猪是否妊娠的关键。而决定适时配种时间的因素有四点:一是母猪发情排卵规律。成年母猪一般在发情期开始后 26～48 小时排卵,持续排卵时间为 10～15 小时,或更长一些时间,母猪的排卵高峰在发情后的第 28～35 小时。二是卵子保持受精能力时间。母猪在一个发情周期中排出的卵子达几十个,卵子在输卵管中仅能保持 8～10 小时的受精能力,最长可达 15 小时。三是精子前进的速度。精子进入母猪生殖道后,经历2~3小时,可通过子宫角而到达输卵管上1/3处(输卵管峡部)受精。四是精子在母猪生殖器官内保持有授精能力的时间一般为10~20小时。

当精子和卵子都保持最强活力时,受胎率最高,产仔数也最多,仔猪表现也最好。生产实践证明,在母猪允许公猪爬跨的25小时内配种最好,尤其是10~25小时内配种受胎率可达95%以上。当然,不同品种、不同年龄的母猪,适时配种的时机也有差异。老母猪发情时间短,应早配;青年母猪发情时间长,应晚配。俗话有:"老配早,小配晚,不老不小配中间。"

(五)种公猪配种时应注意的问题

一是要避开公母猪血缘关系,防止公、母猪间的近亲交配。近亲交配会产生退化,会使产仔数减少,死胎、畸形胎增多。就是产下活的仔猪也往往体质较差,生长缓慢。为此,要事先做好配种计划,严格按照配种计划配种。保证猪群三代内不发生近亲交配。

二是要注意交配的公、母猪的个体差异不要太大。如果公猪过小而母猪过大,不能使配种顺利进行;如果母猪过小或后肢太软,而公猪体格过大,不但不能使配种顺利进行,而且易使母猪腿部受伤。

三是公猪采食后半小时内不要配种。因为种公猪刚采完食,腹内充满食物,行动不便,不但影响配种质量,而且还会影响食物的消化,不利于种猪身体健康。

四是一天中要选择合适的时间配种。夏天中午太热,宜在早、晚时间配种;冬天早晨太寒冷,配种时间应适当延后一点。

五是配种场地不要太滑。太滑的地面,再加上配种时流出的精液等洒在地上,容易使公、母猪滑倒受伤。

六是要人工辅助配种。当公猪爬稳母猪后,要及时从侧面拉开母猪尾巴,避免公猪阴茎摩擦母猪尾巴造成伤害或体外射精。

当公猪经过数次努力而阴茎仍不能顺利进入阴道时,可用手托住公猪包皮引导阴茎插入母猪阴道。交配时要观察公猪肛门附近肌肉收缩波动情况,判断公猪是否射精。更要保持环境安静,严禁鞭打公猪。交配后,要用手按压母猪腰部,以免母猪拱腰时流出精液。配种结束后,要及时登记配种的公猪耳号和日期,以便推算出预产日期,以便查找后代的血缘关系。

七是要防止公猪咬架。公猪好斗,偶尔相遇时会咬架。分开的方法有:及时放出发情母猪,把公猪引开;用木板将公猪隔开;用水冲公猪的眼部,将其分开。如不及时分开,会造成严重的伤亡事故。

五、种公猪的防疫程序

种公猪每年春、秋两季,免疫接种猪瘟疫苗、猪丹毒疫苗、猪肺疫疫苗、口蹄疫疫苗各1次。每年免疫接种细小病毒疫苗、喘气病疫苗(右侧胸腔注射)各1次。在蚊蝇季节到来之前(4~5月份),用乙型脑炎弱毒疫苗免疫接种1次。在春、秋两季,各注射猪传染性萎缩性鼻炎疫苗1次。另外,还要注意寄生虫病的防治。

六、种公猪饲养水平的自我评估

对饲养的种公猪,要经常检查其体况,看一看利用率是否太低,配种受胎率是否太低。这些都直接影响种公猪饲养的经济效益。因此,要尽早找出问题。问题主要包括饲料、饲养管理、疾病防治、运动不足、配种人员责任心等方面。要进行全面分析,尽快研究对策,解决问题。只有这样,才能不断地提高种公猪的生产水平和经济效益。到底饲养得如何,利用程度怎样,达到什么样的生产水平,请参考表4-3来评估。

表 4-3　种公猪生产水平评估表

指　标	一　般	较　好
种公猪每年的更新率	33%	30%
膘　情	稍肥或稍瘦	适中
身体状况	健康	健康、有活力
性欲	一般	强
每次射精量	150～300 毫升	300～500 毫升
每次射精总精子数	200 亿～400 亿	400 亿～800 亿
精子活力	0.7	0.7 以上
配种受胎率	初产母猪 75% 经产母猪 85%	初产母猪 80%以上 经产母猪 95%以上
窝产仔数	8～9 头	10 头以上
每头种公猪每年配种任务：		
本　交	25～35 头母猪	45～60 头母猪
人工授精	1000 头母猪	1500 头母猪
1～2 岁青年公猪	每隔 2～3 天配种 1 次	每隔 2～3 天配种 1 次
3 岁以上公猪	每天配种 1～2 次	每天配种 1～2 次
5 岁以上公猪	每隔 1～2 天使用 1 次	每隔 1～2 天使用 1 次

七、后备公猪的选购和培育

为了使规模化养猪生产,持续地保持较高的生产水平,每年必须有 30%的公猪被淘汰,每年也必须有 30%的优秀后备公猪补充进来,替代年老体弱、配种能力低的种公猪。只有这样,才能使种公猪群保持以青壮年种公猪为主体的结构比例,才能保持住逐年提高的养猪水平和经济效益。后备公猪的补充有两条途径:一是到其他种猪场选购,二是自己猪场培育。

第四章 种公猪的科学饲养目标管理技术

(一)种公猪的选购

首先,要选择健康的猪,无遗传疾患;其次,要根据自己的生产目的或母猪群的品种类型,有目的地选择价格合理、生产性能高的品种。最后,要选择体型外貌具有品种特征的优秀个体。

1. 健康的选择 一是调查:调查出售种公猪的种猪场是否有传染病。绝不从疫区猪场买种猪。二是观察:猪只精神饱满、血缘清楚,无皮肤病,皮肤有弹性,毛色光亮,身体发育良好,肢蹄强壮有力、无遗传疾患的个体。

2. 品种的选择 在商品猪场,最适合作种公猪用的是国外引进的品种。如杜洛克、大白猪、长白猪、汉普夏和皮特兰等种公猪。它们体型较大,生长速度快,饲料转化率和瘦肉率较高,对后代(杂交一代)有改良效果。近几年,也有利用杂种公猪作终端父本生产商品猪的,如杜洛克×皮特兰、皮特兰×大白猪、汉普夏×杜洛克、长白猪×大白猪等,都已收到较好效果。若不是搞纯种选育,一般不要用地方品种的公猪,因其生长速度慢、瘦肉率低。

3. 个体体型外貌的选择 主要进行"三看":一看猪只精神饱满、有活力,毛色光亮,背腰平直;二看其睾丸发育良好,左右对称;三看其体型外貌符合品种特征。

4. 生产性能的选择 如果能买到性成熟以后的种公猪,最好能先检查一下精液品质。精液量少、精子数少、活力低,畸形和死精子多的公猪禁止购入。这些知识对购买种公猪很重要。

(二)本场培育后备公猪的程序

仔猪育成阶段结束到初次配种之前,是后备种公猪的选择、培育阶段。培育后备公猪的目的是要获得体格健壮、发育良好、具有品种的典型特征和高度种用价值的种公猪。

1. 选择后备公猪的标准

(1)健康的选择 要选择生长发育正常、精神饱满、健康无病的个体。

(2)体型外貌的选择 后备公猪的体型外貌一定要具备品种的特征。如毛色(黑、白、花等)、耳型(立、垂、前倾等)、头型(大、小等),背腰长短,体躯宽窄,四肢粗细高矮等均要符合品种要求。

(3)繁殖性能的选择 繁殖性状是种猪非常重要的性状。后备公猪应选自产仔多、哺育能力强、断奶窝重大等繁殖力高的家系。后备公猪还应有良好的外生殖器官,睾丸发育良好、左右对称,且松紧适度,阴筒、包皮正常,性欲高,精液品质良好的个体。对那些单睾、隐睾、疝气和包皮肥大的公猪,绝不能留作种用。

(4)生长发育的选择 应选择比同窝的全同胞平均生长速度快,饲料利用率高的个体。

2. 选择后备公猪的时期 选择后备公猪有2月龄、4月龄、6月龄和初配前的四次选择时机。

(1)2月龄的选择 2月龄选择是窝选,就是选留大窝中的好的个体。窝选是在父母亲都是优秀个体的条件下,从产仔头数多、哺育率高、断奶和育成窝重大的窝中选留良好的公仔猪,分群饲养。

(2)4月龄的选择 就是淘汰那些生长发育不良或者有突出缺欠的个体。

(3)6月龄的选择 根据体型外貌、生长发育、性成熟表现、外生殖器官的好坏,背膘厚薄等性状,严格的去劣留优,淘汰量较大。

(4)配种前的选择 是后备公猪在初配前的最后一次挑选。主要是淘汰个别性器官发育不良、性欲低下、精液品质差的后备公猪。

3. 后备公猪的科学饲养管理 后备公猪与商品肉猪不同。商品肉猪生长期短(生后5~6月龄),体重达到90千克出栏,追求的是快速生长和发达的肌肉组织。而后备公猪培育的是优良种猪,不仅生存期长(4~5年),而且还承担着周期性很强的繁殖任务。其过高的日增重、过度发达的肌肉和大量蓄积的脂肪组织,都

第四章 种公猪的科学饲养目标管理技术

会影响公猪的繁殖性能。因此,要在其生长发育的适当时期,控制饲料类型、营养水平和饲喂量,使后备公猪具有强壮的体格,结实的骨骼,良好的消化、血液循环和生殖器官,适度的肌肉和脂肪组织。因此,要科学地饲养管理。

(1) 限量饲喂 限量饲喂全价配合饲料,可以控制体重的快速增长,保证各器官、系统的充分发育。育成阶段饲料的日喂量是其体重的2.5%～3.0%,而体重达到80千克以后的后备公猪,日喂量是其体重的2.0%～2.5%。要保证饲料的全价性,并注意矿物质、维生素和必需氨基酸的补充。

(2) 加强运动 为了促进后备公猪的筋骨发达,体质健康,身体发育匀称,四肢灵活坚实,就要有适度的运动。伴随四肢运动,猪全身有75%的肌肉和器官同时参与运动。特别是放牧运动可以呼吸新鲜空气,接受阳光浴,拱食鲜土和青绿饲料,对促进后备公猪的生长发育、增强其抗病能力有良好的作用。

(3) 认真调教 怕人的公猪性欲差,射精量少,繁殖能力低。因此对后备公猪,从小就要加强调教管理。首先,要建立人与猪的和睦关系。从幼猪阶段开始,利用喂食、称重之便,进行口令和触摸等亲和训练,使后备公猪愿意接近人,便于将来采精、配种等操作管理。其次,要训练良好的生活规律,使其感到自在舒服,有利于生长发育。再次,要对耳根、腹侧等敏感部位进行触摸训练。这样既可便于以后管理,又可便于以后疫苗注射。严禁恶声恶气地打骂。

(4) 定期称重 任何品种的猪只,都有一定的生长发育规律。因此,对后备公猪最好按月龄进行个体称重。不同的月龄都会有相对应的体重范围。表4-4为长白公猪的体重增长变化(季海峰)。通过后备公猪各月龄体重变化,可以比较生长发育优劣,做到适时调整饲料的营养水平和饲喂量,使个体能达到良好发育的要求。

表4-4　长白公猪的体重增长表

指标	初生	月龄													成年猪
		1	2	3	4	5	6	7	8	9	10	11	12	13	14	
体重(千克)	1.5	10	22	39	57	80	100	120	140	155	170	185	200	210	220	350
日增重(克)		400	567	600	767	600	667	500	500	500	500	500	333	333	300	
生长强度	100	567	120	77	46	40	25	20	17	11	10	9	8	5	5	6

（5）日常管理　首先，要加强防寒保暖，防暑降温和清洁卫生等环境条件的管理。其次，后备公猪达到性成熟以后会烦躁不安，经常相互爬跨，不好好采食。为了克服这种现象，应在后备公猪达到性成熟后，实行单栏饲养，合群运动管理。这样就避免了自淫的恶癖。

第五章 种母猪的科学饲养目标管理技术

用于繁殖后代、作种用的母猪叫种母猪。按其繁殖生理阶段分为妊娠母猪、哺乳母猪和空怀母猪。空怀母猪包括待配种的青年后备母猪和经产母猪。对种母猪进行科学饲养目标管理的目的,就是要充分发挥种母猪的繁殖性能,在使用年限内繁殖产出数量最多而且健壮的后代。对于一个母猪群,要看其平均每头母猪每年提供的断奶仔猪数量。每头母猪年提供的仔猪数愈多,则每头仔猪所分摊的母猪生产成本费就愈少,养猪场(户)的经济效益就愈高。据国外研究报道:每头母猪年提供 16 头断奶仔猪的生产成本,要比年提供 22 头仔猪的多 52%。

繁殖性能指标除受母猪品种、舍内环境条件、饲养管理、发情配种和疾病防治等因素影响外,还受配种公猪及哺乳仔猪的饲养管理等生产环节的影响。本章仅就母猪本身的各生产环节加以阐述,让养猪者掌握种母猪繁殖生产的技术要点,充分发挥种母猪的繁殖性能,高水平地实现种母猪的生产目标。

一、种母猪的繁殖目标和控制指标

(一)母猪群总体繁殖生产目标

平均每头母猪年提供断奶仔猪头数在 19 头以上;
断奶后发情配种间隔期为 7~15 天;
配种受胎率在 85% 以上;
受胎分娩率在 95% 以上;
初生个体重在 1.2 千克以上;
断奶哺乳成活率在 93% 以上;

窝均产活仔猪在10头以上。

(二)控制指标

1. 饲　料

(1)妊娠母猪,每日每头供给饲料2.0～2.7千克。

(2)哺乳母猪,每日每头供给饲料4.5千克。

(3)初生至70日龄仔猪料肉比为1.5∶1。

2. 兽药费

(1)妊娠母猪,平均月存栏每头1.5元。

(2)70日龄(仔猪)至出栏,一头按5元治疗费核算(含哺乳母猪治疗药费)。

要实现上述目标,必须依靠提高母猪每一个生产环节的优异成绩来实现。一方面要下大力气、加大科技力度,努力提高窝产活仔猪头数和哺乳仔猪断奶成活率;另一方面下功夫优化母猪群结构,合理控制后备母猪在母猪群中的比例,最大限度地提高母猪繁殖力,繁殖出最多的健康后代,取得最大的经济效益。

二、种母猪的选留方法

组建一个优良的种母猪群,是实现种母猪繁殖目标的重要条件。

(一)主要母本猪种的推荐

适合作优良母本品种或品系的种猪主要有:从国外引进的品种有长白猪、约克夏猪;国内培育品种有三江白猪、浙江白猪的母本系DⅢ系,湖北白猪的母本系DⅣ系和北京的母本系DⅥ系等。

1. 长白猪　原产于丹麦,是世界分布最广的著名的瘦肉型猪种之一。我国从1963年开始引入。我国引入的长白猪主要来自加拿大、丹麦、英国和比利时等品系。其特点是:体躯长,具有高度的早熟性,具有较高的瘦肉率和较强的饲料转化率、较好的繁殖力。遗传性稳定,杂交效果显著,是比较好的母本。

长白猪成年体重平均为 218 千克、初配年龄为 8～10 个月,初配体重 120～135 千克,乳头 6～7 对。天津新引入丹系长白母猪窝均产仔数达到 11.2 头,产活仔猪数 10.4 头。育肥期日增重 860 克,胴体瘦肉率 65%。

2. 约克夏猪 原产于英国。目前,大约克夏猪品种已在许多国家被育成了新的大约克夏品系。近几年,我国引入的大约克夏猪主要来自英国、加拿大和丹麦等品系。该品种被毛全白、体躯长、背腰稍成弓形,腹下线平直肌肉发达,四肢较高,体形匀称。大约克夏猪成年体重平均为 224 千克,初配体重 125 千克以上,乳头数 7 对左右。1996 年河北、北京分别引入加系、英系、丹系大约克夏猪的生产性能是:初产母猪窝均产仔数达 10.2～10.8 头;经产母猪窝均产仔达到 11.0～11.5 头,育肥期日增重 880 克,胴体瘦肉率为 64%。

3. 浙江白猪 DⅢ系 是专门化的母本猪品系,属中国瘦肉猪母本新品系选育的国家重点科技攻关项目。于 1995 年通过国家验收。该系以我国培育品种浙江白猪为基础,进行母本猪的专门化品系选育,继承了金华猪优良繁殖特殊性,性成熟较早,初配年龄在 8 月龄前后,初产母猪平均产仔数为 10.6 头,经产母猪平均产仔数为 14.1 头。育肥期日增重为 565 克,瘦肉率为 58.2%。DⅢ系母本猪在同杜洛克猪配套杂交后,其杂交猪日增重达到 671 克,瘦肉率达到 61.6%。

4. 三江白猪 三江白猪产于黑龙江省东部的三江地区。是我国自己培育的第一个瘦肉型猪种,1983 年通过国家级鉴定验收。此品种保留了民猪繁殖性能高的优点,性成熟早,在 4 月龄时可出现初情期。乳头 7 对,排列整齐。初产母猪窝均产仔数为 10.2 头,经产母猪窝均产仔数为 12.4 头。6 月龄体重可达到 85 千克,瘦肉率为 59%。若用杜洛克公猪与三江白猪母本配套杂交,其杂种猪的胴体瘦肉率可提高到 62.06%。

5. 湖北白猪DⅣ系 是专门化的母本猪品系,属中国瘦肉猪母本新品系选育的国家重点科技攻关项目。1995 年通过国家级验收。该品系是以我国培育品种湖北白猪为基础,进行母本猪的专门化品系选育。乳头数平均 7 对,性成熟早,初产母猪平均窝产仔数 11.1 头,经产母猪平均窝产仔数 13.2 头,产活仔数 12.2 头。育肥期日增重 672 克,瘦肉率提高到 61.3%。本品系与杜洛克猪父本配套杂交后,该杂种猪平均日增重达到 789 克,瘦肉率达到 64.1%。

6. 北京的DⅥ系 北京的DⅥ系为专门化的母本猪品系,属中国瘦肉猪母本新品系选育的国家重点科技攻关项目。由北京市农林科学院畜牧兽医研究所经 10 多年培育而成,于 1995 年通过国家级验收,获北京市科技进步一等奖。北京的DⅥ系体型中等、背腰平直、四肢结实,被毛全白。成年母猪体重平均 200 千克。北京的DⅥ系含有以产仔多著称于世界的我国地方品种——太湖猪血缘。北京的DⅥ系初产猪窝均产仔 10.1 头,经产母猪产仔 13.1 头,产活仔数 12.3 头,乳头数 7 对以上。性成熟早,4 月龄出现初情期,初配年龄 6 月龄,发情征状十分明显。育肥期日增重为 750 克,瘦肉率达 59.6%。DⅥ系母本猪与杜洛克公猪配套杂交,其杂种猪日增重可达 810 克,瘦肉率达 62.6%。

7. 军牧 1 号白猪 用三江白猪与施格猪杂交,经 10 年精心选育而成。全身被毛白色,体型较大,体躯较长,背腰平直,四肢粗壮。母猪平均窝产活仔猪 10.76 头,胴体瘦肉率达到 62.43%、肉质好。军牧 1 号白猪不论作母本还是作父本,杂交效果均较好。用军牧 1 号白猪与大约克夏猪进行正、反杂交,杂交后代生长速度快,臀部丰满,瘦肉率高。育肥期日增重 718 克,170 日龄达 90 千克,耗料增重比为 3.02∶1。

(二)对种母猪挑选标准的把握

母猪养殖场(户)挑选什么样的母猪留种,应从品种(品系)的

第五章 种母猪的科学饲养目标管理技术

生产性能、乳房发育和母猪身体结实度三个方面进行选择和评估。

1. 对母猪品种(品系)的生产性能的要求 除了瘦肉率达到瘦肉猪标准、生长发育快外,更要注意繁殖性能和对该地区饲养条件的适应性。而国内培育品种占有明显的优势。主要表现为:性成熟早,发情征状明显,如阴门红肿、爬栏、闹圈,或爬跨同栏猪等发情行为比引入品种明显。很便于发情鉴定和配种,可提高繁殖效率。产仔数较多。

2. 对乳房发育和身体结实度的把握 这是挑选种母猪个体的重要条件。确定母猪品种(品系)后,就要挑选母猪的个体,要对每一头青年母猪的体质外貌及有关性状进行综合评定:母猪外生殖器应无明显缺陷,如阴门狭小或上翘;奶头数一般不少于7对,奶头间隔均匀,奶头发育良好,无瞎奶头、翻奶头和副奶头;身体健康、体质结实,结构发育良好,四肢坚实,生长速度快,无肢蹄病,行走轻松自如;初情期要早,一般不超过6月龄;性情过分暴躁的小母猪不宜作种用;有条件者可借助系谱资料,依据亲本和同胞的生产性能(如繁殖成绩等),对主要生产性能进行遗传评估。最终挑选出个体优秀的母猪留作种母猪。

(三)亲本品种的选择

对于二元杂交,可以从遗传互补角度出发,杂交母猪的选择应侧重于繁殖性能,哺育力和适应性。而对父本的选择则要求有好的生长速度、瘦肉率,繁殖性能并不是重要的。

对于三元杂交[A(BC)]母本C、终端父本A的选择同二元杂交。需要注意的是第一父本B的选择,要求B在生长速度、瘦肉率上具有一定水平,且能与C互补,同时具有较好的繁殖性能。所以就要求第一父本B与C杂交产生F_1代作母本,与终端父本A杂交。一般第一父本B常用大约克夏猪或长白猪。终端父本A一般常用杜洛克公猪。

对于四元杂交[(AB)(CD)],亲本AB的选择原则同三元杂交父本 A，但是为了利用品种间互补，A、B 的侧重点应有所不同。如利用皮特兰和杜洛克猪，可在瘦肉率、生长速度方面形成互补。C 的选择同三元杂交第一父本，D 的选择同三元杂交的母本。

三、母猪的繁殖性能

（一）母猪的繁殖周期

母猪由发情配种受胎，经分娩到下一次配种受胎的全过程即为一个繁殖周期。

在正常生理状态下，从后备母猪发情配种受胎起，母猪就开始经历不同繁殖周期阶段：首先，要经历 112~116 天（平均 114 天）的妊娠期；妊娠期结束，母猪分娩；分娩后，母猪便进入哺乳期，通常 28~60 天（一般为 35 天）；仔猪断奶后，母猪又回到空怀期；一般经过 3~10 天或更长一点时间，母猪再次发情配种受胎，又重复经历同样的繁殖过程。在生产中，要针对处在不同繁殖生理阶段的母猪，分别给予科学的饲养管理，使各阶段的母猪繁殖性能得到充分发挥，以便缩短母猪繁殖周期，最大限度地提高各周期的产仔数和哺育率。

（二）母猪的繁殖生理

1. 发情周期与发情鉴定 母猪是一种周期性发情动物，可全年发情配种。母猪从上次发情终止到下次发情初始的期间称为发情周期。发情周期分为发情前期、发情期、发情后期和休情期四个时期。

（1）发情前期 发情前期是性周期开始阶段。从外阴部开始肿胀到接受公猪爬跨为止。此期母猪生殖器官发生很大变化。此期卵巢内上次所形成的性周期黄体继续变性和萎缩，同时有新卵胞开始积极发育。生殖道开始充血、黏膜肿胀。输卵管内壁细胞生长。纤毛数量增加，子宫角的蠕动加强，子宫黏膜内的血管分布大量增加，阴道上皮组织也增生加厚，分泌物增多。外阴部开始肿

第五章　种母猪的科学饲养目标管理技术

胀发红,阴道黏膜的颜色由浅变深。精神显得敏感不安,四处张望,但不愿接受公猪爬跨。

(2)发情期　发情期是母猪性周期高潮时期,母猪表现出很强的性欲。母猪在发情前期发生的各种变化更加显著,并为受精和受精卵在子宫着床准备条件。此期卵巢中的卵泡破裂,卵细胞排出,子宫蠕动加强。生殖道明显充血,腺体分泌活动加强,子宫颈放松、开放,外阴部肿胀,充血、发红,有黏液流出。此时接受公猪爬跨,并允许交配。有时主动寻找公猪,躁动不安,或发呆、站立不安。是适宜配种时期,如果排出的卵细胞未受精,就过渡到发情后期。

(3)发情后期　此期从拒绝公猪爬跨到发情症状完全消失。此期为生殖器官复旧期。在卵巢内开始形成黄体,并分泌孕酮。子宫黏膜增生和停止分泌黏液,生殖器官逐渐恢复到正常状态。有的敌视或攻击公猪。

(4)休情期　此期又叫均衡期。休情期继发情后期之后,是各性器官生理活动相对静止期。在此期前半期中,卵巢中有黄体继续增长,并分泌孕酮,因此子宫黏膜继续增厚,子宫腺体也增大,分泌也加强,为受精后胚胎发育和形成胎盘做好准备。在此期后半期中,因为卵子没有受精,所以性周期黄体开始萎缩,子宫黏膜及腺体开始复旧,腺体分泌也减少。此时,又有新卵胞开始发育。性器官没有显著性活动过程。逐渐过渡到下一个发情周期。

(5)发情鉴定　发情鉴定是了解母猪处在发情周期的哪个时期,发情是否完全,鉴定母猪什么时候排卵,从而确定配种的准确时间。发情鉴定方法是观察母猪的外部表现和试情方法鉴定。

2. 排卵　母猪的排卵,发生在发情的中后期,掌握此点,对于适时配种极为重要。

(1)母猪排卵的一般规律　排卵发生在发情开始后24～48小时,排卵高峰在发情后28～38小时(详见表5-1)。排卵持续10～

15小时或更长时间。卵子在输卵管中需要运行50小时,但只能保持8~10小时的受精能力。

表5-1 母猪卵巢的排卵情况 (北京黑猪)

发情时间(小时)	屠宰头数	未排卵头数	已排卵头数
0	2	2	—
12	4	4	—
24	4	3	1
36	7	1	6
48	4	—	4

猪是多胎动物,每次发情有多个卵子排出,一般在10~25枚,但高产品种太湖猪的排卵数却在25枚以上。为了提高养猪的经济效益,减少公猪的负担,适时配种提高母猪的受胎率和增加产仔数,乃是当前养猪生产中的重要问题。

(2)年龄与排卵 一般来说,母猪初情后,第二个发情期比第一个发情期增加1~1.5个卵子,所以青年母猪应在第三个情期后再配种,可比第一个情期配种提高产仔数2~3头。据报道从初情期到第七个情期,每个情期都比前一个情期大约提高一个排卵数。

(3)营养与排卵 有人研究能量的采食量对初情期和排卵率的影响发现:限量饲养的小母猪的初情期推迟,体重较轻、排卵数较少,而不限量饲养的青年母猪初情期要比前者提前约20天,排卵数增加3个左右。

(4)催情补饲与排卵 对配种前的母猪增加营养叫催情补饲。可在短时间内改善其膘情,以提高繁殖效果。对于限饲的小母猪,在配种前催情补饲一个发情期,会产生与整年优饲母猪同样多的卵子。而且短时间(6天)进行催情补饲也会增加排卵数。催情补饲的方法只适用于限饲和瘦弱的母猪。其具体方法是:每头每日增加喂料量0.5千克左右。如不增加喂量,也可在日粮中增加脂肪,其添加量为喂料量的5%～10%。催情补饲最佳时间在发情前11～14天。这些"额外"饲料对刺激内分泌和提高繁殖系统活性有着明显的促进作用。

3. 妊娠与分娩 猪是多胎动物。在妊娠10天后,子宫角内至少有4个胚胎存活时,才能阻止黄体溶解,维持妊娠。母猪妊娠期114天左右,期间胚胎要经历3次死亡高峰的考验。第一次死亡高峰,在妊娠后9～13天,正是胚胎将要着床阶段。第二次死亡高峰,在妊娠后22～30天,处于胎儿器官形成阶段。这两次高峰胚胎死亡最多,约占妊娠期胚胎死亡总数的2/3。第三次死亡高峰是在妊娠后60～70天。

母猪临近妊娠期结束时,体内发生一系列生理变化,为分娩做准备。如骨盆阔韧带及子宫颈松弛,便于胎儿通过;临产前几天乳头开始少量泌乳。

4. 泌乳 母猪每个乳房有2～3个乳腺管,各乳头间相互没有联系,各乳房内没有乳池,不能积贮乳汁,所以分娩后不能随时挤出奶来。但是,在分娩前一、二天内,由于体内催产素的作用,使乳腺中的肌纤维收缩,可随时排出乳汁。母猪分娩后开始泌乳,俗称"放奶"。放奶是通过仔猪拱揉其乳房、刺激乳腺活动来完成的。完成一次放奶过程包括3个阶段:一是仔猪对母猪乳房1～2分钟拱揉的前期按摩阶段;二是母猪开始放奶阶段,时间很短,仅为10多秒到50秒钟;三是放奶结束后,仔猪继续对乳房进行后期按摩2～3分钟,至此放奶全过程结束。母猪在一天中要多次放奶,平均每天放奶20次以上,通常母猪在哺乳前期的日放奶次数多于哺乳后期,夜间多于白天。母猪产后头3天的乳汁为初乳。初乳中含有免疫球蛋白,可提高仔猪抗病力,是仔猪不可缺少的免疫抗体。不喂初乳的仔猪很难成活。在自然状态下,母猪泌乳期约为50～77天。而在人工饲养条件下,泌乳期决定于仔猪断奶时间,一般为28～60天。母猪泌乳高峰均在母猪产后21天左右。以后泌乳量逐渐下降。因此3周以后的仔猪必须补料,以弥补母乳的不足。哺乳母猪的各部位乳头的泌乳量,一般是前部乳头的泌乳量多于中部,中部乳头的泌乳量多于后部。据对二花脸猪和长白猪的试验结果,吸吮前部、中部和后部乳头的仔猪,其增重速度依次降低。

5. 母猪不发情原因分析与有效措施 在适龄母猪中,约有10%左右是不发情的,其原因如下。

(1)遗传原因 如雌雄同体(从外表看是母猪,肛门下面有阴蒂、阴门和阴唇。但腹腔内无卵巢却有睾丸),阴道管道形成不完全,子宫颈闭锁或子宫发育不全等。在活猪中,这些生理器官缺陷大都难以发现。所以,在实际生产中因繁殖障碍而淘汰10%母猪是正常的。

(2)内分泌异常 母猪断奶后,持久存在部分黄体化及非黄体化的卵泡囊肿,致使卵巢静止,致使母猪断奶后长期不再发情。

(3)营养原因 有些中小型猪场不是使用母猪专用料,而是选用生长育肥猪饲料饲养母猪,虽然饲养成本低一些,但饲养时间稍长时,蛋白质饲料食入量不足,降低了母猪排卵数或不呈现发情征状。

(4)疾病原因 母猪在分娩时产道损伤、污染、胎衣不下或胎衣碎片残存、难产时手术不洁、子宫弛缓时恶露滞留、人工授精时消毒不彻底、配种时公猪生殖器官或精液内含有炎性分泌物等;或母猪患有布鲁氏杆菌病或其他原因引起的母猪生殖系统发生炎症。这些疾病因素均可造成母猪发情推迟或不发情。

除遗传上的原因需淘汰外,可采取下列措施促进发情:

第一,对母猪实行群养,经常用公猪试情。俗话说叫"逗情",易引起母猪中枢神经兴奋,调整内分泌,有利于发情。

第二,加强运动。每天做1~2小时的驱赶运动,增加新陈代谢,可促进母猪发情排卵。俗话叫"动情"。

第五章 种母猪的科学饲养目标管理技术

第三,喂青饲料。青饲料中含有多种维生素(维生素E),可促进卵泡的发育、排卵、促进发情。

第四,按摩乳房催情。通过按摩乳房,可加强神经系统功能,促进滤泡成熟,促进分泌动情素,引起发情;通过按摩乳房,还能引起脑下垂体分泌黄体生成素,引起排卵。一般每天早饲后进行,每天按摩10分钟,经过7~10天即可发情。

第五,药物催情。处方一:孕马血清,孕马血清中含有促性腺激素,作用相当于促卵泡生成素,可以促进卵泡成熟和排卵。使用时皮下注射,每次注射5毫升,一般注射4~5天,就可发情。处方二:绒毛膜促性腺激素,对母猪催情和促其排卵效果较为明显。体重在75~100千克的母猪,可肌内注射1000单位。也可以利用中药催情(淫羊藿100克,丹参80克,当归和红花各50克,碾末混入饲料中饲喂)。

一般来说,有药物催情的第一个发情期,多为发情不排卵,待第二个发情期再配种。

第六,选用母猪专用全价饲料饲喂。母猪专用全价饲料是根据母猪不同的生理阶段精心科学配制的,日粮中养分含量完全符合母猪的生理需要,不会对母猪的繁殖性能造成不良影响。

第七,防止疾病。要坚持做好乙型脑炎、细小病毒、布鲁氏杆菌病等疾病防治工作。对患有生殖器官疾病的母猪给予及时治疗。同时,可肌内注射维生素E 2支、维生素A 1支,促进发情排卵。

(三)受精过程和影响受精因素

1. 卵子与精子运行 公、母猪交配后,两性细胞(卵子和精子)是在输卵管上1/3处(输卵管峡部)结合。卵子游动通过峡部以后就逐渐失去了受精能力。卵子排出后,如果没遇到精子则继续沿输卵管下行,逐渐衰老,还包上了一层输卵管的分泌物,阻碍精子进入而失去了受精能力。公猪排出的精子要经过2~3小时的游动才能到达输卵管上 1/3 处。配种时,虽有大量精子进入母猪生殖道,但能到达受精部位的精子不超过 1 000 个。精子在母猪生殖道内一般能活 10~20 小时,以此推算,配种适宜时间是在母猪排卵前 2~3 小时。如果交配时间过早,当卵子排出时,精子已失去生命力,即使勉强受精,合子的活力也不强,往往会中途死亡。反之,如果配种时间过迟,精子进入生殖道时,卵子已失去生命力,也会出现同样情况。

据试验和生产实践证明,母猪适宜的配种时间是在发情后 24~48 小时,此时受精率最高。

2. 受精过程与影响受精因素

(1)受精过程 受精不是精子与卵细胞的简单结合,而是两性生殖细胞间的复杂的相互同化和异化过程。受精的结果是产生在本质上完全崭新的第三细胞——合子。它与精子或卵细胞都有不同质的区别。

猪的受精过程包括 4 个阶段:精子获能,准备进入卵细胞→精子钻进卵细胞→精子与卵细胞间的相互同化→精子与卵子核的结合。

受精的第一阶段是接近卵细胞的精子分泌透明质酸酶,把黏合放射冠细胞的胶质分解和溶化,使放射冠细胞分散脱落,并把卵细胞从放射冠中释放出来。当精子数量少时,分泌的透明质酸酶不足,不能完全分解放射冠细胞,卵细胞不能从放射冠中释放出来,精子不能达到卵细胞表面,也就不能形成受精过程。因此,只有保证一定数量的精子才能保证正常受精。

受精的第二阶段是精子穿入卵细胞的过程。精子穿过放射冠细胞后,继续穿透卵细胞的透明带,而进入卵细胞。穿过透明带进入卵细胞的精子可达几十个,但是一般只有一个精子能继续穿过卵黄膜而进入细胞体内,其余精子都停留在透明带以内和卵黄膜以外的周围空间中。有的也出现所谓的多精子受精。生理上的多精受精一般仍然只有一个精子与卵细胞核融合。其余的精子只有加强合子的分裂。当精子穿进卵细胞时,卵细胞并没有达到最后成熟阶段,精子的穿进才引起卵细胞成熟,完成第二次成熟分裂,并放出极体。

受精的第三阶段,是精子与卵细胞间的相互同化。穿进卵细胞体内的精子,首先使它的头部与其他部分分离。头部同卵细胞的原生质融合而使体积迅速增大,达到与卵细胞核相同大小。精子的躯干部和尾部,则被卵细胞的原生质所同化而逐渐消失。最后,精子的头部与卵细胞核逐渐接近并可互相同化融合。穿进透明带的其余精子,则被卵细胞同化而逐渐消失。

受精的第四阶段是精子与卵子核的结合。受精时卵细胞发生深刻物理学变化和生物学变化,成为合子。此时,细胞的新陈代谢迅速提高,耗氧量增大几倍,氨的排出量也增加,细胞的通透性增加,原生质的浓度变大,受精过程结束。

(2)影响受精因素

①精子和卵子质量是保证受精的重要条件　只有生活力强的精子,才能克服母猪生殖道不良环境的危害,完成其受精前的一系列的生理成熟过程。衰弱的精子即使与卵子相遇时尚未死亡,受精结果会产生生命力弱的后代,致使胚胎发育不正常而死亡。

生活力旺盛的卵子,可以完成受精前的一系列的生理成熟过程。可以与生活力强的精子相互同化而成合子。生活力弱的卵子即使与精子结合了,其胚胎发育也是弱的,甚至很快死亡。

具有一定差异的精子和卵子受精能力高。同种两性配子之间所特有的新陈代谢方面的分化程度越大,受精能力越高。因此母猪近亲繁殖会减少配子两性间的差异程度,导致受精作用减慢或完全不发生。

提高配子质量。首先要给公、母猪创造良好的饲养管理条件。在饲养方面,务必注意日粮的营养水平,防止饲料单一。其次要注意对公、母猪采取不同类型的饲养制度。这样可以增加配子间差异性,从而加强受精作用。最后要合理地加强公、母猪的体质锻炼,使公、母猪生产出生活力强的精子和卵细胞。

②精子的数量影响受精 受精必须有一定数量的精子参加。在受精的不同时期,参加受精的精子数目是不相同的。虽然最后只有一个精子钻入卵细胞内与卵子核结合,但需要很多精子帮助溶解卵子的放射冠和透明带。所以,当精子达不到一定数量时,就会降低受精率。

③适当的受精时间是提高受精率的保证 适配时间一般为发情后24~48小时,因此必须做好发情鉴定工作,做到适时配种。如果适时配种的时间掌握得不好,就会使受精率降低。

(四)胚胎及胎儿发育规律

卵细胞在输卵管上1/3处受精后,向子宫移动的同时开始卵裂。当它达到子宫时,已发育成为桑葚胚。桑葚胚固着在子宫里,逐渐发育成胚胎和胎儿。在发育早期,胚胎依靠它的滋养层(外层)用渗透的方法从母体子宫中吸收液体的营养。成为胚胎发育第一阶段的液体食物称之为子宫乳。子宫乳包括子宫黏膜的分泌物、子宫血液和淋巴液滤出液、红细胞、白细胞和子宫黏膜上皮细胞的分解产物。随之卵黄囊血液循环的血管网发展起来,胚胎从卵黄囊获得营养。随着胚胎逐渐形成各种胎膜,并建立了比较发达的胚胎循环系统。胎膜的外层与母体子宫黏膜共同形成胎盘,并通过胎盘从母体的血液中取得营养。此时,胚胎转变成胎儿。胎盘不但是胎儿复杂的营养性器官和内分泌器官,而且也是胎儿的呼吸器官和排泄器官。

在胎盘中,胎儿的血管与母体的血管紧密地邻接,但彼此用毛细血管的内皮细胞分隔。因此,胎儿血液与母体血液不相混合。胎盘并不是母体血液和胎儿血液间的简单中隔,而是母体血液在胎盘内进行着复杂的合成过程和严格的选择过程。某些物质可从

第五章 种母猪的科学饲养目标管理技术

母体的血液进入胎儿血液,另外一些物质则不能通过或者必须先在胎盘内经过生物化学变化,改造成为新的特殊状态的物质后才能进入胎儿血液内。

胎儿在新陈代谢方面的主要特征是同化过程占压倒优势。这是由于胎儿发育的特殊环境和生理特点所致。这些特殊的环境和生理特点是:胎儿在母体子宫内不从体表散失热量,胎儿的身体悬浮在密度与其身体相近的羊水中。因此,胎儿在进行微弱运动时几乎没有什么阻力,消耗也很少。除心脏外,大部分内脏还没有开始活动或只有很微弱的活动。这样就使胎儿的消耗(即异化作用)减到最少。保证胎儿同化作用占压倒优势。

从胎儿生长情况看,越接近妊娠后期,胎儿生长越快,怀孕30天时每个胚胎重量只有2克,仅占初生体重的0.14%;怀孕80天时每个胎儿重量为400克。如果每头仔猪初生重按1400克计算,在怀孕80天以后的短短34天时间里,每个胎儿的增重为1000克,占初生体重的71.4%之多,是前80天每个胎儿总重量的2.5倍。由此可见,怀孕最后34天,是胎儿体重增加的关键时期(详见表5-2)。加强母猪妊娠后期的饲养管理是保证胎儿生长发育的关键。

表5-2 猪不同胎龄胎儿重量的发育变化

胎龄(天)	胎重(克)	占初生重(%)
30	2.0	0.14
40	13.0	0.93
50	40.0	2.86
60	110.0	7.86
70	263.0	18.78
80	400.0	28.57
90	550.0	39.20

续表 5-2

胎龄(天)	胎重(克)	占初生重(%)
100	1060.0	75.70
110	1150.0	82.00
出生	1300~1500	100.0

(五)母猪的妊娠期

1. 母猪预产期推算 母猪的妊娠期一般为112~116天,平均为114天。在生产实践中,按114天进行预产推算。

第一种"三、三、三"法,即配种期加上3个月、3周又3天。如一头母猪的配种日期是6月7日,其预产期则是:6+3=9(月)、7+(3×7)+3=31,故预产期为10月1日。

第二种"月加4,日减6"法,如上例,6+4=10(月)、7-6=1,故预产期为10月1日。

第三种查预产推算表法。见表5-3。

表5-3 母猪预产期推算表 (单位:月/日)

月\日	1	2	3	4	5	6	7	8	9	10	11	12
1	4/25	5/26	6/23	7/24	8/23	9/23	10/24	11/24	12/25	1/24	2/24	3/25
2	4/26	5/27	6/24	7/25	8/24	9/24	10/25	11/25	12/26	1/25	2/25	3/26
3	4/27	5/28	6/25	7/26	8/25	9/25	10/26	11/26	12/27	1/26	2/26	3/27
4	4/28	5/29	6/26	7/27	8/26	9/26	10/27	11/27	12/28	1/27	2/27	3/28
5	4/29	5/30	6/27	7/28	8/27	9/27	10/28	11/28	12/29	1/28	2/28	3/29
6	4/30	5/31	6/28	7/29	8/28	9/28	10/29	11/29	12/30	1/29	3/1	3/30
7	5/1	6/1	6/29	7/30	8/29	9/29	10/30	11/30	12/31	1/30	3/2	3/31
8	5/2	6/2	6/30	7/31	8/30	9/30	10/31	12/1	1/1	1/31	3/3	4/1
9	5/3	6/3	7/1	8/1	8/31	10/1	11/1	12/2	1/2	2/1	3/4	4/2

续表5-3

月\日	1	2	3	4	5	6	7	8	9	10	11	12
10	5/4	6/4	7/2	8/2	9/1	10/2	11/2	12/3	1/3	2/2	3/5	4/3
11	5/5	6/5	7/3	8/3	9/2	10/3	11/3	12/4	1/4	2/3	3/6	4/4
12	5/6	6/6	7/4	8/4	9/3	10/4	11/4	12/5	1/5	2/4	3/7	4/5
13	5/7	6/7	7/5	8/5	9/4	10/5	11/5	12/6	1/6	2/5	3/8	4/6
14	5/8	6/8	7/6	8/6	9/5	10/6	11/6	12/7	1/7	2/6	3/9	4/7
15	5/9	6/9	7/7	8/7	9/6	10/7	11/7	12/8	1/8	2/7	3/10	4/8
16	5/10	6/10	7/8	8/8	9/7	10/8	11/8	12/9	1/9	2/8	3/11	4/9
17	5/11	6/11	7/9	8/9	9/8	10/9	11/9	12/10	1/10	2/9	3/12	4/10
18	5/12	6/12	7/10	8/10	9/9	10/10	11/10	12/11	1/11	2/10	3/13	4/11
19	5/13	6/13	7/11	8/11	9/10	10/11	11/11	12/12	1/12	2/11	3/14	4/12
20	5/14	6/14	7/12	8/12	9/11	10/12	11/12	12/13	1/13	2/12	3/15	4/13
21	5/15	6/15	7/13	8/13	9/12	10/13	11/13	12/14	1/14	2/13	3/16	4/14
22	5/16	6/16	7/14	8/14	9/13	10/14	11/14	12/15	1/15	2/14	3/17	4/15
23	5/17	6/17	7/15	8/15	9/14	10/15	11/15	12/16	1/16	2/15	3/18	4/16
24	5/18	6/18	7/16	8/16	9/15	10/16	11/16	12/17	1/17	2/16	3/19	4/17
25	5/19	6/19	7/17	8/17	9/16	10/17	11/17	12/18	1/18	2/17	3/20	4/18
26	5/20	6/20	7/18	8/18	9/17	10/18	11/18	12/19	1/19	2/18	3/21	4/19
27	5/21	6/21	7/19	8/19	9/18	10/19	11/19	12/20	1/20	2/19	3/22	4/20
28	5/22	6/22	7/20	8/20	9/19	10/20	11/20	12/21	1/21	2/20	3/23	4/21
29	5/23		7/21	8/21	9/20	10/21	11/21	12/22	1/22	2/21	3/24	4/22
30	5/24		7/22	8/22	9/21	10/22	11/22	12/23	1/23	2/22	3/25	4/23
31	5/25		7/23		9/22		11/23	12/24		2/23		4/24

在生产实践中,常将预产日期记录在配种记录表上或记录在

种猪卡中。

2. 母猪的妊娠诊断 母猪的妊娠诊断在生产实践中具有重要意义。在妊娠初期,可以早期发现母猪是否妊娠,如果没有妊娠可以及时补配,减少空怀。在妊娠中期,通过诊断来加强保胎工作。妊娠后期,通过诊断,估计出胎儿头数。便于确定母猪的饲养定额和分群管理,也更正确地把握分娩日期,及早做好接产准备工作。具体方法如下:

(1)根据发情周期诊断法 母猪的发情周期一般为21天。如果母猪配种后21天不再发情,就可推断已经妊娠。当第二个发情期开始时母猪还没有发情征状时,就可确认已经妊娠。

(2)根据母猪的行为和外部形态变化诊断法 母猪配种后,如果表现疲倦、贪睡、食欲旺盛,食量逐渐增加,容易上膘,性情变得温驯,行动稳重,一般可诊断为妊娠。母猪妊娠50天后,从侧面观察母猪,其腹部容积增大,突出部分也很明显。

(3)用注射激素的方法进行妊娠诊断 这种方法准确率可达90%~95%。在母猪配种后第16~17天,在母猪耳根部皮下注射人工合成的雌性激素制剂3~5毫升。注射后出现发情征状的母猪是空怀母猪;在注射5天内不表现发情征状的母猪为妊娠母猪。注射激素的主要机理是妊娠母猪卵巢中有大量妊娠黄体存在,分泌孕酮维持妊娠,虽注射雌性激素制剂也不能使母猪出现发情征状。如果母猪配种后没有妊娠,卵巢中的黄体大约在配种后18天消失,在配种后16天时注射雌性激素制剂时就会使母猪表现出发情征状。

(4)应用超声波进行早期妊娠诊断 用超声波多感应效果测定动物胎儿的心跳数,能够早期预测母猪是否妊娠和胎儿发育状态。在母猪配种后20~29天,进行超声波测定,判断是否妊娠,其准确率一般为80%;配种后40天测定,其准确率为100%。所谓超声波,就是人耳听不到的高频音波。把超声波测定仪的探触器贴在母猪腹部体表后,发射超声波,根据胎儿心脏跳动的感应信号,或者脐带多普勒信号,可判定母猪是否妊娠。

(六)母猪临产征状与分娩过程

1. 母猪分娩前的征状 母猪妊娠后,胎儿发育成熟,并通过母猪生殖道产出的生理过程称为分娩。母猪分娩前的征状有以下几点。

(1)乳房变化 母猪分娩前7天左右,乳腺发育逐渐充实,乳房基部和腹壁之间呈现出明显界限,随着临产的接近,这种界限变化越来越明显。俗称"乳头炸,仔快下"。

(2)行为变化 母猪在妊娠后期,活动性显著降低,性情变得温驯,喜欢躺卧。但是母猪分娩前2天时却一反常态,表现烦躁不安,吃食不正常,并有防卫反应,当陌生人走近时,常有攻击动作出现,产前6~8小时母猪出现拱圈、衔草、减食和不安现象。如果出现不安起卧,排粪、排尿次数增多,呼吸急促等则说明即将分娩。

(3)临产征状 根据多年的助产经验,观察母猪临产征状可采用"三看一挤"的方法:一看乳房,母猪在产前乳房膨大、有光泽,两排乳头外胀呈"八"字形向外分开。二看尾根,母猪临产前,尾根两侧下凹,阴道松弛,阴门红肿。三看行为表现,临产前母猪食欲减退,表现不安,叼草絮窝,这种行为出现后一般6~12小时就要分娩。阴门有黏液流出,频频排尿。俗话说:"母猪频频尿,产仔就要到"。"一挤"就是挤乳头,一般情况下,前面乳头出现乳汁后24小时左右可能分娩。中间乳头出现浓乳汁后,12小时左右可能分娩;后边乳头出现浓乳汁后3~6小时可能分娩。当用手轻轻挤压乳头,就能挤出很多、很浓的乳汁,说明母猪马上就要分娩了。俗话说:"奶水穿箭杆,产仔儿离不远"。

2. 分娩过程 分娩是借助于子宫和腹壁肌肉的收缩,将胎儿和胎衣排出的过程。在分娩的过程中,子宫的收缩称为"阵缩"。腹肌的收缩称为"努责"。分娩的过程可分为3个阶段。

第一个阶段为开口期。在开口期内,子宫肌出现一系列的阵缩,初期每次收缩时间很短,间歇时间较长,大约每15分钟阵缩1次,每次约20秒左右;以后收缩逐渐加强,收缩时间延长,间隔时间变短,大约几分钟收缩1次。阵缩时胎儿和胎水被挤入子宫颈,迫使子宫颈开放,部分胎膜通过子宫颈突入阴道中,最后胎膜因受到阵缩的强烈压迫而破裂,一部分胎水从裂孔排出,俗称"破水"。随着胎水的流出,胎儿也随之进入骨盆腔。

第二阶段是胎儿排出期。在排出期内,子宫肌发生更加强烈而频繁持久的收缩。同时腹壁和膈肌也发生强烈收缩,使腹腔内的压力显著升高。此时,胎儿受到压力达到最大,最终把胎儿从子宫经过骨盆口和阴道挤出体外。胎儿排出后,其脐带在仔猪重力和拉扯的影响下被扯断。

第三阶段是胎衣排出期,也是分娩的结束期。在仔猪全部从母猪子宫排出体外后,经过短时间的间歇,子宫肌重新开始收缩。此时阵缩的特点是收缩短、收缩力较弱,而间歇期较长,收缩直到胎衣从子宫中全部排出为止。胎衣排出后,分娩动作停止,分娩过程全部结束。

(七)母猪的助产技术与难产处理

让母猪安全分娩是提高仔猪成活率的第一步,是关系到养猪经济效益的重要环节。因此,一定要搞好母猪的助产。

1. 分娩前的准备工作 首先查阅母猪配种记录和预产期推算表,弄清母猪产仔的准确时间,做好产前准备工作。

母猪产前7天进入消过毒的产栏,对母猪进行分娩(哺乳)期的饲养管理。

准备好助产用具。助产用具包括消毒用的碘酊、装仔猪用的保温箱、取暖用的红外线灯或电热板等,照明用的手电筒或电灯,擦仔猪用的消过毒的干净布,剪耳号和剪犬齿的铁钳子及称仔猪体重的秤等用具。

第五章　种母猪的科学饲养目标管理技术

2. 仔猪的助产　助产的任务：一是保护好新生仔猪，防止新生仔猪假死，防止被母猪压死、踩死，防止在寒冷季节受冻而死。二是护理好母猪，防止难产和在发生难产时及时处理。

（1）助产程序　对新生仔猪的助产护理，要按照"一掏、二断、三擦、四剪、五免、六灌、七烤、八吃初乳"的助产程序安全助产。

一掏：当新生仔猪出生后，接产人员要用消过毒的干净毛巾或布，将嘴、鼻中的黏液掏出，防止黏液将仔猪闷死。

二断：新生仔猪出生后，将脐带内血液向仔猪腹部方向挤压，然后距离仔猪腹部4厘米处将脐带剪断或用手指扭断，断处用碘酒消毒。若断脐时流血过多，可用手指掐住断头，直至不出血为止，或用结扎线结扎。

三擦：用消毒过的毛巾或布，把新生仔猪身上的黏液尽快擦干净（要逆毛擦）。可促进血液循环、防止感冒。

四剪：将新生仔猪的上、下颌锐利的犬齿剪掉。剪牙的目的是防止仔猪在争抢乳头时互相咬伤或咬伤母猪乳头，造成母猪起卧不安，拒绝哺乳，甚至发生乳房炎，造成无乳。剪牙时，要注意不要伤及齿龈和舌头。

五免（超前免疫）：对新生仔猪超前免疫。每头初生仔猪，在吃初乳前，肌内注射猪瘟疫苗5头份待2小时准时让仔猪吃初乳。

六灌：对新生仔猪，在完成上述5项任务后，在吃初乳前还要灌服抗生素类药物，超前预防红痢、黄痢、白痢的发生。具体方法是：给每头仔猪灌服青霉素16万单位加链霉素200毫克。在"三痢"常发生的场（户），要每日灌服2次，连用2日。

七烤：产房（舍）温度过低时或寒冷季节产仔时，在完成上述6项任务后，迅速将初生仔猪放入保温箱中，用红外线灯或电热板将仔猪被毛烤干，以防冻死、压死。仔猪适宜的环境温度及保温箱内悬吊红外线灯高度见表5-4、表5-5。

· 83 ·

表 5-4 仔猪适宜的环境温度

日　龄	产后6小时内	1～2	3～7	8～14	15～21	22～28	29～35
适宜温度(℃)	35	34～32	32～30	29～27	26～24	23～22	22～20

表 5-5　红外线灯功率、悬吊高度与保温箱内温度　(单位:℃)

红外线灯度数	距猪床高度(厘米)	与红外线灯的距离(厘米)				
		最下部	15	25	35	45
250 瓦	40	38	28	25	24	23
	50	31	26	24	23	22.5
200 瓦	40	27	26.5	25.5	24.5	24.0
	50	24.5	24.0	23.0	22.5	22.0
150 瓦	40	25.0	23.5	22.5	21.5	20.0
	50	23.5	22.0	21.5	21.0	19.5

八吃:将新生仔猪被毛烤干,超前免疫注射后达到2小时,就准时让仔猪吃初乳,增加抵抗力,提高仔猪成活率。

(2)假死仔猪的抢救　仔猪出生后全身发软,张嘴喘气,甚至不呼吸,但脐带基部和心脏仍有跳动,这样的仔猪叫假死仔猪。一般来说凡是心脏、脐带跳动有力的都能救活。在抢救假死仔猪时,首先要迅速清除呼吸道障碍物,用毛巾或布将仔猪口、鼻的黏液擦净,然后用人工呼吸进行抢救。抢救的方法有4种:一是用力按摩仔猪的两侧肋部,促使其呼吸道畅通。二是倒提仔猪后腿,用手连续轻拍其胸背部,使其呼吸道通畅。三是两手分别托住仔猪的头部和臀部,腹部朝上,一屈一伸。四是对胎衣包裹的仔猪抢救时应立即撕开胎衣,然后用人工呼吸的办法抢救。

3. 难产仔猪的处理　母猪出现分娩征状,而且生殖道流出

第五章　种母猪的科学饲养目标管理技术

"羊水"(俗称破水)后长时间腹部剧烈阵痛,用力努责,甚至排出胎粪但不见仔猪产出;或是由于母猪体弱,在产下第一头仔猪后没有宫缩现象,其余仔猪长时间产不出来,都称为难产。具体抢救措施取决于难产原因及母猪本身的特点。

对老龄体弱分娩力不足的母猪,可进行肌内注射催产素(脑垂体后叶素)10～30单位,以促进子宫收缩,必要时可注射强心剂。若经30分钟左右胎儿仍未产出,应进行人工助产,用手将胎儿拉出。人工助产的具体操作方法是:将指甲剪短、磨光滑,以防损伤产道。手和手臂先用肥皂水洗干净,再用0.1%高锰酸钾液消毒,或用70%的酒精消毒,然后涂抹润滑剂;母猪的外阴部也要用0.1%高锰酸钾液消毒。趁母猪努责的间歇,将已消毒的手指尖合拢呈圆锥状,慢慢地将手臂伸进产道,握住胎儿适当部位(眼窝、下颌、腿)后,随着母猪努责,顺势、慢慢地把胎儿拉出。

对于母猪"羊水"排出过早,产道干燥、狭窄,胎儿过大等因素引起的难产,可先在母猪产道中注入生理盐水或润滑剂,然后人工助产,用手将胎儿拉出。

对胎位异常引起的难产,可将手伸入产道矫正胎位后拉出。产道干燥时应向产道注入生理盐水或润滑剂,然后将胎儿拉出。有的异位胎儿经矫正后即可自然产出,不必要用手再拉。如无法矫正胎位或其他原因使拉出有困难时,可将胎儿的某些部分截除后分别取出。

在整个助产过程中,尽量防止产道损伤或感染。助产后给母猪注射抗生素药物,以防细菌感染。发现母猪不食或有脱水现象时,应在耳静脉注射5%葡萄糖盐水500～1 000毫升,维生素C 0.25～0.5克。

产仔结束后,应及时将产圈打扫干净,对排出的胎衣,要及时清除,以防母猪因吃胎衣而养成吃仔猪的恶习。

四、母猪不同阶段的科学饲养管理技术

处在不同生理阶段的母猪,除了要维持自身生长发育外,还要进行卵子发育,胚胎发育和泌乳等用于繁殖下一代的生产。这一生产过程的营养消耗量是有一定的规律性变化的。据此加大各阶段的科学饲养管理力度,是充分发挥母猪的繁殖能力,提高养猪生产者的经济效益的关键。

(一)空怀母猪的科学饲养管理技术

空怀母猪是指哺乳母猪在仔猪断奶后,直至发情配种为止的经产母猪,和已达到配种年龄但尚未配种的后备母猪。这一阶段的科学饲养管理要点是:要促进空怀母猪早发情、多排卵,保证及时配种和多怀胎。由于已达适龄配种的后备母猪仍处于身体快速生长发育阶段,因此,处于空怀期的后备母猪和经产母猪的饲养标准和饲养管理方式也不尽相同。

1. 后备母猪的科学饲养管理技术

(1)后备母猪鉴定、选留时间 作为全年均衡生产的猪场,每年母猪的更新比例一般为1/3。后备母猪可以自群选留,也可以从外购入。如果自群选留,可在配种前一个月进行。这可保证配种前有足够时间来观察其健康状况,可在配种前免疫。而外购选留,可在配种前2个月进行。要按照品种、系谱资料、个体发育、乳头、阴门和四肢等几方面给予综合评定,来提高后备母猪的选择的准确性。

(2)后备母猪的科学饲养方法 将经选定的后备母猪,从生长发育舍转入母猪舍,进行限制性饲养,日喂2次。饲料要潮拌生喂(料与水的比例为1∶1),要注意控制给料量,看膘给料,不使母猪过肥或过瘦,以八成膘为宜。每头每天饲喂2.0~2.5千克饲料。瘦肉型后备母猪,每千克饲粮含:消化能12.55兆焦,粗蛋白质13%,赖氨酸0.48%,钙0.6%,磷0.5%,食盐0.4%,铁38毫克,

第五章 种母猪的科学饲养目标管理技术

锌 38 毫克,铜 3 毫克,硒 0.15 毫克,维生素 A 1 110 国际单位,维生素 D 115 国际单位,维生素 E 10 国际单位。在配种前 7～10 天实行短期催情补饲,促进后备母猪发情排卵。每头日喂量增加到 2.5～3.0 千克。在高温季节,要注意降温和通风,减少热应激,促进发情。在短期催情补饲时,选用的饲料养分含量要稍高一些,通常使用哺乳母猪料。每千克饲粮蛋白质不低于 16%,消化能不低于 13.39 兆焦,赖氨酸不低于 0.8%,钙不低于 0.75%,磷不低于 0.5%。还要给后备母猪多运动、多日光浴,多异性刺激的机会,促进后备母猪早日发情、早日配种。

(3)后备母猪的科学管理方法 配套的较为实用、实效的管理方法主要有以下 3 点。

一是小群圈养,促进运动。将后备母猪 4～5 头为一个圈,每头后备母猪的有效面积要大于 2 平方米,以利于运动。

二是让后备母猪接受公猪的刺激。若圈舍为栏杆式,可在相邻舍饲养公猪,隔栏的公猪可以每周调换 1 次。若圈舍为实体墙壁式,每日将公猪赶到母猪圈内,给予刺激 10 分钟。

三是要培养良好的卫生习惯,调教其听从指挥、养成不怕人的习惯。这样,将来在配种、怀胎、分娩时都不会出问题。

2. 断奶母猪的科学饲养管理技术 哺乳母猪在仔猪断奶后,能否正常发情、多排优良卵子,主要是看母猪当时的膘情和体质的强弱。如果仔猪断奶时,母猪的膘情能达到 7～8 成膘,不肥不瘦,一般在仔猪断奶后的 7～10 天内都能正常发情配种,且配种率和受胎率均较高。俗话说:"母猪七、八成膘,易怀胎产仔数高"。但在实际生产中,常会有多种因素造成母猪不能及时发情。有的母猪是因为哺乳期奶少,带仔少,食欲好,贪睡,断奶时膘情过好;有的母猪却因带仔过多、哺乳期长,采食少和营养不良等造成母猪断奶时失重过大、膘情过差。为促进断奶母猪尽快发情排卵,缩短断奶至发情时间间隔,急需在生产中因猪制宜给予短期的精细饲养和科学的管理。

(1)断奶母猪的科学饲养方法

一是对膘情较好的母猪断奶后前几天仍分泌相当多乳汁的母猪的科学饲养方法。为防止断奶后母猪患乳房炎,促进其早日干奶,应在母猪断奶前和断奶后各3天减少精料的饲喂量,可多补一些青粗饲料。断奶3天后膘情仍过于好的母猪,应继续减料,可日喂1.8~2.0千克精饲料,控制膘情,催其发情排卵。

二是对膘情一般的母猪的科学饲养方法。断奶后要加料催情,避免母猪因过瘦推迟发情。给断奶母猪短期优饲催情。一方面要增加母猪的采食量,每日饲喂配合饲料2.2~3.5千克,日喂2~3次,潮拌生喂。另一方面要提高配合饲料的营养水平,每千克饲粮蛋白质不低于16%,可消化能不低于13.39兆焦,赖氨酸不低于0.8%,钙不低于0.75%,磷不低于0.5%,可继续喂哺乳母猪料。

(2)断奶母猪科学管理技术 在科学管理上要做到"一分"、"一小"、"二勤"。"一分"就是将膘情好和膘情差的母猪,进行分群管理;将体格强壮的和体格弱小的分开饲养,减少咬架等应激。"一小"就是实行小群圈养,每群饲养空怀母猪4~5头。"二勤"就是勤观察断奶母猪的干奶情况,便于短期优饲催情;勤观察断奶母猪发情表现,不漏情期。

(二)妊娠母猪的科学饲养管理技术

妊娠母猪是指配种受胎到分娩这一阶段的母猪。此期间的胎儿生长发育完全依靠母体。所以,通过对妊娠母猪的科学饲养管理,可以保证胎儿良好的生长发育,最大限度地减少胚胎死亡,提高窝产仔数和仔猪初生重。同时,还保证了母猪产仔后有个健康的体况和良好的泌乳性能。因此,抓好妊娠母猪的饲养管理工作,也是提高养猪生产者经济效益的重要手段。

第五章　种母猪的科学饲养目标管理技术

1. 妊娠母猪的饲养技术　母猪妊娠后,新陈代谢旺盛,对饲料的利用率提高,对蛋白质的合成加强。妊娠期母猪的饲养水平,要根据胎儿生长发育的特点分为3个阶段进行饲养。即妊娠前期、中期和后期。胎儿在妊娠期生长发育见表5-6。

表5-6　猪各期胎儿鉴定表

胎龄(月)	体长(厘米)	胎儿发育状态
1	1.6～1.8	已具猪外形
2	8.0	可分性别,长骨开始化骨
3	14～16	唇、耳及尾出现软毛
4	20～25	全身生满密毛,出现门齿、犬齿

利用胎儿体长大致估计胎龄的方法是:

1个月,$1\times1.8=1.8$厘米;2个月,$2\times4=8$厘米;3个月,$3\times5=15$厘米;4个月,$4\times6=24$厘米。

具体的饲养方式有3种。

(1) 抓两头顾中间　这种饲养方式适用于断奶后膘情比较差的经产母猪。由于在上一胎产仔头数多、育成率高,体力消耗大,在妊娠初期要加强营养,使其恢复到标准的繁殖体况。连同配种前的10天在内,应有30天的时间补喂含粗蛋白质高的饲料,待体况恢复后,再按标准饲养。妊娠80天后,由于胎儿增重较快,更应加强营养。

(2) 步步高　这种饲养方式适用于初产母猪和哺乳期配种的母猪。因为初产母猪本身还处于生长发育阶段,营养的需要量较大,使其早日达到体成熟。哺乳期配种的母猪生产任务繁重。因此,整个妊娠期间的营养水平,要按照胎儿体重的增长而逐渐提高。产前3天,按日粮喂量递减10%,分娩当天停喂。

(3) 前低后高　这种饲养方式,适用于体况良好的经产母猪,分3个阶段限食饲养。前低,为妊娠1～80天,主要目标是降低胚胎发育死亡率。每头猪日喂全价饲料1.8～2.5千克。每千克饲粮中含消化能为11.72兆焦,粗纤维为10%,粗蛋白质为13%,赖氨酸为0.45%,钙为0.61%,磷为0.41%,食盐为0.32%。有条件的,可日喂青饲料2～3千克。好处:不但丰富了维生素的营养,而且还满足了母猪的饱腹感,又保证了胎儿发育,且防止了母猪便秘。后高分为妊娠后期和临产期。在母猪妊娠后期(81～105天)胎儿增重速度极快,应适当地提高日粮营养水平和饲喂量,促进仔猪初生重的增加。每头猪日喂全价饲料为2.5～3.2千克。每千克饲粮营养含量为消化能11.80兆焦,粗纤维9%,粗蛋白质14%,赖氨酸为0.65%,钙为0.9%,磷为0.7%,食盐为0.4%。同时,要补足维生素和微量元素。母猪临产期(妊娠105天到分娩)是体内胎儿增重的关键时期,也是母猪乳房发育的关键时期。增加饲料营养水平,加强饲养管理,对降低仔猪的死亡率、提高仔猪的初生重、增加母猪泌乳量具有重要作用。此期已进入分娩舍,要饲喂适口性好的哺乳母猪全价配合饲料。每头母猪日喂3.0～3.5千克。日喂3～4次,每次只喂八分饱,以免影响胎儿发育。每千克饲粮营养含量为消化能12.2兆焦,粗蛋白质16%,赖氨酸0.9%,钙0.8%,总磷0.6%,食盐0.44%。有条件的要在母猪分娩前2周,饲喂占配合饲料6%的动、植物油(脂肪粉2%、大豆磷脂4%)。这样做的好处一是能提高仔猪的初生重和体内能量、糖原的储备;二是能促进母猪乳腺的充分发育,为产后泌乳量的增加和乳脂量、乳蛋白质的提高奠定基础。这对提高仔猪育成率会起到重要作用。

　　以上3种方法均要做到:配合饲料要经潮拌后生喂。要注意配合饲料的质量,不喂发霉、变质、冰冻和刺激性饲料。妊娠母猪的膘情控制在八成,有利于分娩和泌乳量的提高。临产前3天日粮喂量递减10%～20%。要保证充足、干净的饮水;要保持分娩舍清洁、干净、卫生;要注意分娩舍的通风换气,在保证舍内适宜温度下进行换气,提高舍内空气的新鲜度。

第五章 种母猪的科学饲养目标管理技术

2. 妊娠母猪的管理技术 妊娠母猪日常管理工作的中心任务是减少各种刺激因素、降低胚胎死亡率,增加产仔数和初生重,并为母猪正常分娩和泌乳创造条件。科学管理技术有以下几点。

(1)适当运动 妊娠早期为加强运动可实行母猪小群管理,每圈饲养3~4头妊娠母猪。母猪并圈组群,应在配种前进行。一则便于熟悉,防止配种后在妊娠早期因互相争斗而造成流产或胚胎死亡。二则便于同步发情,同步配种。妊娠后期,妊娠母猪要进入单体保胎栏,产前7天进入产房。

(2)注意观察 配种后18~24天和配种后39~45天,进行2次妊娠鉴定。注意观察是否有母猪返情,如有返情应及时转出圈舍配种。这样可防止返情母猪闹圈而影响妊娠母猪。还要注意区别母猪出现"假发情"现象。"假发情"的征状不明显,持续时间短,其特点是不愿意接近公猪,不接受爬跨。

(3)预防流产 饲养人员对妊娠母猪的态度要温和。严禁恐吓,鞭打母猪。母猪跨越尿沟、过门槛、拐弯等,严禁追赶,防止机械性流产。

(4)产前驱虫 对妊娠母猪在妊娠前期和中期应进行1~2次驱虫、灭虱工作。

(5)创造适宜环境 妊娠舍内适宜的温度为15℃~20℃。如果过高或过低,易使胚胎死亡。饮水清洁卫生,舍内地面清洁、干燥,通风换气好;夏季防暑降温;冬季防寒保暖。

(6)做好助产准备工作 对临产母猪要时刻观察分娩征兆,随时做好消毒和助产的准备工作,分娩前3天,夜间应有专人负责值班,随时准备做好助产工作。

(三)哺乳母猪的科学饲养管理技术

哺乳母猪泌乳量的多少,乳质的优劣直接关系到仔猪的生长发育、育成率和断奶窝重。为了哺育好仔猪、保持哺乳母猪膘情和断奶后的正常发情配种,必须加强对哺乳母猪的饲养管理。

· 91 ·

1. 哺乳母猪的科学饲养技术 哺乳期母猪的营养需要量较大,特别是仔猪较多的母猪。其一是因为母猪整夜照料哺乳仔猪,使母猪的日常维持的营养需要增加;其二因为大量泌乳的营养消耗。母猪的乳汁是仔猪生后5天内惟一的食物,15天时也几乎全靠母乳,35天时母乳提供的营养占66%(35天断奶)。42天时母乳提供的营养占50%。但是如果哺乳母猪采食的营养不足,就会本能地动用体内的储存,靠大量分解体脂肪来补充泌乳的能量消耗,导致哺乳母猪失重。因此要有较好的适口性和较高的营养水平的全价配合饲料。每千克饲粮的养分含量是:消化能不低于12兆焦,粗蛋白质不低于16%,同时要增加日饲喂量。

(1)产前、产后母猪的科学饲养 母猪产前7天的饲养,主要根据母猪的身体状况和乳房发育来确定。一般来说,体质状况和乳房发育较好的母猪,产后初期泌乳量就会过多,乳汁就会过稠。因此,母猪易出现乳房炎,仔猪易出现"下痢"。所以,在临产前3天,按日粮量的10%~20%递减精料量,分娩当天停喂精饲料,还要停喂青绿多汁饲料。对瘦弱的母猪不应减料,如果产前几天乳房膨胀不够,要加喂一些高蛋白质饲料,有条件的还可以加喂占日粮6%的动、植物脂肪。分娩当天不喂精饲料。母猪分娩后12小时内只喂麸皮盐水汤,配方是:麦麸250克,食盐25克,温水2 000毫升。分娩后2~3天内,由于母猪体质虚弱,消化代谢功能较差,先少喂饲料,以后逐渐增加。产后第9天按哺乳母猪饲养标准量饲喂。日投料量见表5-7。

表5-7 哺乳母猪日喂量参考表

日 期	分娩当天	分娩后1日	分娩后2~3日	分娩后4~5日	分娩后6~7日	分娩后8~9日	分娩后10日~断奶前	离乳日
喂料量(千克)	0	1.0	1.5~2.0	2.5~3.5	4.0~4.5	4.8~5.0	5.0	0

(2)哺乳期母猪的科学饲养 哺乳母猪的营养需要,由其本身的维持需要和泌乳需要两部分组成。

在母猪整个繁殖周期内,泌乳阶段是消耗优质全价饲料最多阶段,也是泌乳母猪失重最多阶段,更是精心饲养花费的时间最多阶段。养好哺乳母猪,势在必行。

第一,哺乳母猪的营养需要。因体重、带仔数的不同而有差异。应灵活应用哺乳母猪饲养标准(见附录A)。

第二,哺乳母猪饲料配方的推荐。我国地域辽阔,气候差异大,各地区的农作物种类不同,其饲料来源有差异,因此需要因地制宜,就地取材配制全价配合饲料。笔者经多年实践总结了以下哺乳母猪料配方,以供参考。详见表5-8。

表5-8 哺乳母猪饲料配方 (%)

项目	配方											
	1	2	3	4	5	6	7	8	9	10	11	12
玉 米	40	40	60	38	37	39	33	47	9	30.1	36	65
高 粱	15(糠)	8					13	4			15	4
大 麦				15	32	33	10		25	30.3		
小 麦									15			
次等面粉									10			
大豆粉				5								
稻谷粉		15							10			
碎 米										5		
麸 皮	8		7.5	20	4	4	20	11.2	10	10.4	6	10
米 糠	15	15							10		10	
甘薯藤					7					1.3		

续表 5-8

项目	配方											
	1	2	3	4	5	6	7	8	9	10	11	12
玉米糠												
草 粉				5.0	2							
苜蓿粉						6	5.5				5	
酱油渣											5	
菜籽饼								5.5				
酒 糟								13.5				
青贮玉米								7				
水花生					7					12.5		
豆 粕					5					1.8	11	
豆 饼	20	20	25			10	13	9.6				12
棉籽饼									10	6.8		
葵花籽饼				10								8
鱼 粉					8	6.5	6	2	0.8	5.1	4	
贝 粉	1.5	1.5	2.0		1		1	0.8				
磷(碳)酸钙						0.5			0.5		1.5	
骨 粉					1.5	1	2			1.3		0.5
活性炭										1		
食 盐	0.5	0.5	0.5	0.5	0.5	0.5	0.5	0.6	0.5	0.4	0.5	0.5
微量元素												
微生素												
饲料营养成分												
消化能(兆焦/千克)	12.80	12.79	12.76	12.84	12.43	12.72	12.55	12.01	12.49	11.61	11.51	13.20

第五章 种母猪的科学饲养目标管理技术

续表5-8

项目	配方											
	1	2	3	4	5	6	7	8	9	10	11	12
粗蛋白质	15.6	15.5	16.6	18	15.7	16.4	15.3	15.6	16.1	15.1	16.3	15.6
粗纤维	4.5	4.6	4.4	5.5	5.2	4.3	4.6	4.5	7.2	4.6	4.1	4.2
钙	0.67	0.66	0.79	0.88	0.71	0.82	0.87	0.75	0.96	0.75	0.61	0.60
磷	0.43	0.42	0.40	0.62	0.66	0.63	0.73	0.67	0.73	0.65	0.51	0.52
赖氨酸	0.77	0.76	0.71	0.81	0.72	0.75	0.74	0.71	0.70	0.74	0.77	0.65
蛋氨酸+胱氨酸	0.59	0.58	0.51	0.68	0.42	0.45	0.47	0.53	0.46	0.44	0.42	0.55

注：另加微量元素添加剂和维生素添加剂

在表5-8哺乳母猪饲料配方中，1～6适合我国北方地区场(户)选用。9～11适合我国南方地区场(户)选用。

母猪微量元素添加剂配方：硫酸铜100克，硫酸亚铁200克，碳酸钙3 000克，硫酸锌200克，准确称取上述无机盐、磨细。先拌于少量饲料中，然后逐渐扩大，反复搅拌，混合均匀后添加到1吨哺乳母猪配合料中，混合均匀后，饲喂。

第三，确保哺乳母猪有旺盛的食欲。母猪产后如果没有良好的食欲，持续几天就会严重影响泌乳量和体质的恢复。因此，确保产后母猪有旺盛的食欲势在必行。首先，要预防母猪产后"顶食"。母猪产后食欲减退往往是由于母猪临产前3天饲喂量过多造成的，俗称"顶食"。因此，应采取产前第3天开始减料，分娩当天不喂料，产后第2天开始逐渐增加喂量的方法。其次，要供给足量、清洁的饮水，促进消化液的分泌。因此，要求饲养人员要经常检查饮水器出水速度，发现问题，要及时解决。确保产后的母猪，在哺乳期间，能饮到足量的清洁饮水，做到昼夜供水不断。喂生拌料时，要先潮(湿)拌(料∶水=1∶0.8～1.0)堆放1～2小时后再喂。还要因猪制宜，掌握好日喂量，来调动泌乳母猪的"胃口"。在仔猪

35日龄断奶的情况下,产后第10天,哺乳母猪日喂料量应达到4.5～5.0千克;产后第15天,日喂量应达到5.4～6千克;30～35天再逐渐降到5千克左右。这样,母猪在整个泌乳期里,天天都有较好的食欲。另外,对于粪便干燥有便秘倾向的母猪,宜投喂青绿、鲜嫩饲料,设法增加饮水量。必要时可适当喂给人工盐,进行治疗。如果发现母猪口腔干燥,而排出球形粪便时,可适当灌服一点食醋,调整胃肠功能。

2. 哺乳期母猪的科学管理技术

第一,保护好哺乳母猪的乳房和乳头。母猪乳房乳腺的发育与哺乳仔猪的占用、吸吮有很大关系。尤其是头胎母猪,一定要使所有的乳头都能均匀利用,以防未被吸吮、利用的乳房发育不好、萎缩,影响泌乳。在规模养猪场,如果母猪本胎产仔数不足以占用全部乳头时,就要尽早做好并窝和寄养工作,或者训练仔猪习惯吸吮两个乳头,让所有的乳头都被占用,促使乳房都能同步发育,并能保证下一胎泌乳旺盛。圈舍地面要平坦,产床要去掉突出的尖物,防止刮伤、刮掉乳头。腹部下垂的母猪,在躺卧时常会把下面一排乳头压住,造成仔猪吃不上奶,可用稻草捆成60厘米长的草把,垫在母猪腹下,使下面乳头露出来,便于仔猪吮乳。

第二,要保持哺乳母猪饲粮结构的相对稳定。不要频变和骤变饲料品种、不喂发霉变质和有毒饲料,以免造成母猪乳质改变而引起仔猪腹泻。

第三,要定时、定量饲喂哺乳母猪。对哺乳母猪的饲养,要做到定时、定量,少给勤添。一则能形成条件反射,增加食欲;二则可保持槽内饲料新鲜度,有助于提高食欲。瘦肉型品种及二元杂交母猪,每天给料量是:哺育8头仔猪的每天给料量4.5～5千克;哺育10～12头仔猪的每天给料量5～6千克。使用哺乳母猪专用全价料。要日喂4次,饲喂的时间是:6时、10时、15时、20时。在这个时间里饲喂哺乳母猪,母猪全天有饱腹感,特别是夜间不站立拱

第五章 种母猪的科学饲养目标管理技术

栏寻食,减少压死、踩死仔猪,有利于母猪泌乳和母仔安静休息。

第四,哺乳母猪舍一定要保持安静、清洁、干燥、通风良好。哺乳母猪如果处在嘈杂的环境或舍内闷热潮湿,就会表现烦躁不安,产后厌食、少食,以至造成放奶时间延长,每次放奶持续期缩短。母猪正在放奶时,如果舍内突然响起嘈杂的声音,母猪会停止喂奶,站起来,而仔猪因不能饱食也会不安静,更促使母猪不能安静躺卧。野蛮地对待和殴打母猪,也同样会降低泌乳量。产房内粪便要随时清除,保持舍内清洁、干燥;要做到定期消毒、灭蚊蝇,保持舍内通风换气良好,温度、湿度适宜。

第五,要建立观察"猪群"制度。猪场技术主管人员,每日深入猪舍观察猪群健康状况在2次以上,发现异常,就地解决。要求饲养人员经常观察本岗位负责的母猪吃食、饮水、粪便和精神状态,勤观察哺乳仔猪的吮乳、饮水、吃料和精神状态,发现异常,要及时向兽医报告。以便及时治疗。

3. 哺乳期母猪易出现的问题 哺乳期的母猪,一般易出现两个问题。

(1)母猪缺奶或无奶 在哺乳期内,有个别母猪缺奶或无奶,造成哺乳仔猪发育不良或饿死。如果出现这样的问题,要采取有效措施解决。

第一,查明无奶的原因。主要有以下几点:一是母猪营养不良、过度瘦弱、年老体衰,生理功能衰退,导致无奶。二是母猪过肥,乳房被脂肪填充,对仔猪吮吸刺激反应弱所致。三是对初产母猪配种过早,乳房、乳腺发育不健全。四是母猪产后患子宫内膜炎、乳房炎、高热病等造成无奶。五是个别乳头内有乳塞现象。此时饲养人员可用温水洗乳头。洗后用手用力挤压,挤出乳塞后就能吸出乳汁。六是乳头孔闭锁。由于褥草中有一种叫伞梗孢子菌的真菌,它引起乳头顶皮肤发生化脓性坏死性炎症,从而使乳头孔结疤而闭锁。饲养人员在仔猪拱乳房时,用手掌按摩乳房帮助解决。

第二,催乳。催乳要根据缺乳的具体原因来进行。一般要在改进饲养管理的基础上,增喂含蛋白质丰富而又易消化的饲料,如豆饼、鱼粉和豆浆等。并喂一些新鲜、青嫩多汁饲料。这些饲料中含有酚氨化酶,参与泌乳活动。

此外,还可用催产素和中药催乳。每头母猪用催产素注射液20单位,肌内注射,每天1次,连用4次,可收到良好效果。也可配合中药治疗,取王不留行35克,通草20克,穿山甲20克,白术30克,白芍20克,黄芪30克,当归20克,党参30克,水煎服,加红糖喂服。或用王不留行40克、天花粉60克、漏芦40克、僵蚕30克、水煮后分2次,加在饲料中喂服。

一般药物催乳5小时后,泌乳量明显增加。如上述方法不奏效时,可将仔猪过哺给其他哺乳母猪,或喂鲜牛奶或奶粉。

(2)母猪拒绝哺乳仔猪 母猪拒绝哺乳仔猪多发生在初产母猪。由于初产母猪没有哺乳经验,对仔猪的吸吮刺激总是处于兴奋和紧张状态,所以拒绝哺乳。在生产实践中,可以采取以下措施:

第一,醉酒法。用100~200毫升白酒,拌入哺乳母猪饲料中,一次吃光。发现母猪有醉意时,再把初生仔猪送到母猪那里吮乳。

第二,催眠法。给母猪肌内注射盐酸氯丙嗪(冬眠灵),每千克体重2~4毫克,待母猪睡熟后再放仔猪吮乳。经过几次哺乳,母猪习惯后,就不会拒绝哺乳了。

第三,加强营养供给,短期优饲催乳法。哺乳母猪因营养不良而缺乳或无乳。仔猪常因吃不饱,老是纠缠着母猪吃奶,而母猪烦躁拒绝哺乳。表现是:母猪长时间平爬地面,而不是倒卧地上。对此,应加强母猪的营养供给,增加富含蛋白质的精料,母猪有乳水后,就不会拒绝哺乳了。

第六章 哺乳仔猪的科学饲养目标管理技术

出生至断奶阶段的仔猪称为哺乳仔猪。仔猪的哺乳期一般为28~56天。仔猪出生后,生活条件发生了巨大变化:一是由原来通过胎盘进行气体交换、摄取营养和排出废物,转变为用肺呼吸、用嘴采取食物,通过消化道来吸收食物中的营养物质,再将废物排出体外。二是胎儿在母猪子宫内的生活条件相当稳定,不容易受到外界的影响,而出生后,仔猪直接与外界环境接触。

哺乳仔猪生长发育最快,而且可塑性也最大,死亡率也最高。因此,必须加强目标饲养管理。养好哺乳仔猪,是培育优良品种、生产优良商品猪、提高猪群质量、降低生产成本、提高经济效益的关键技术。

一、哺乳仔猪的饲养目标和补料指标

(一)哺乳仔猪的饲养目标

一是哺乳期内,仔猪的成活率要在90%以上,哺乳仔猪要精神饱满、健康活泼。

二是生长发育快,断奶体重大。35日龄断奶时,个体体重7千克以上,窝重63千克以上,每天平均增重160克以上。

三是仔猪发育整齐,均匀度好,没有弱仔猪。

(二)补料指标

35日龄断奶,仔猪的耗料与增重比为0.8∶1,每头仔猪补料量为5千克。

要达到上述哺乳仔猪的饲养目标必须从环境控制,加大对哺乳仔猪的科学管理力度,确保哺乳母猪能分泌出质优、量足的乳汁,及时免疫和增强饲养人员的责任心等方面抓起。

二、哺乳仔猪的生理特点

哺乳仔猪的主要生理特点是生长发育快、物质代谢旺盛和生理上的不成熟性,因此构成了仔猪难养、成活率低的特殊原因。

(一)生长发育快、代谢功能旺盛,利用养分能力强

仔猪初生重为1千克左右,10日龄时体重达到初生重的2倍以上。按日龄计算,30日龄体重比初生重增长5~6倍;60日龄比第一个月增长2~3倍。第一个月生长速度最快。如此快速的生长能力,是其他家畜所没有的。

仔猪增重速度首先决定于初生个体重的大小。一般情况下,初生重小的仔猪,生长速度较慢,到4周龄或8周龄时体重也小(见表6-1)。初生重大的仔猪,生长速度也快,死亡率也低,也易于护理。俗话说:"初生差一两,断奶差一斤;断奶差一斤,育肥出栏差10斤"。此话虽然不准确,但也确实说明了初生重对其生长速度的影响。因此,必须采取有效措施提高仔猪初生重。

表6-1 仔猪初生重与增重的关系

年 龄	体重(千克)					
初 生	0.69	1.00	1.18	1.40	1.68	1.76
4周龄	3.86	5.27	5.71	6.60	7.32	7.80
8周龄	7.75	11.28	12.08	14.16	15.21	16.92

仔猪哺乳阶段的生长速度快慢还决定于母猪的泌乳力高低、窝仔数的多少、开饮和开食的早晚。母猪泌乳量低,教饮水和诱食补料晚的(9日龄以后),生长速度就慢;对仔猪教饮水早(3日龄教饮水)、诱食补料早(5日龄强行补料,6日龄吃料),生长速度就快。因为母猪泌乳量产3~4周达到高峰后开始下降。加之,随着仔猪的迅速生长,每天需要的吮乳量也迅速增加,单靠母乳喂养仔猪

是远远不能满足仔猪对营养的需要。为解决这一供需矛盾,必须及早训练仔猪采食饲料,以保证在母猪泌乳量降低后,不影响仔猪的正常生长发育速度。

仔猪生长快,是因为物质代谢旺盛,特别是蛋白质代谢和钙、磷代谢要比成年猪高得多。生后20日龄,每千克体重沉积的蛋白质,相当于成年猪的30～35倍。每千克体重所需代谢净能为成年猪的3倍。因此,仔猪对营养物质的需要,不管在营养数量和质量上都要求较高,对营养不全的饲料的反应特别敏感。所以,对仔猪的养育要保证各种营养物质的供应。

(二)体温调节功能发育不全,对环境温度非常敏感

由于新生仔猪机体内能量的储备不多,能量代谢的激素调节功能不全,因此对环境温度的下降极为敏感。又因为新生仔猪体型小,单位体重的表面积相对较大,而又缺少浓密的被毛以及皮下脂肪不发达,因此在低温的环境中体温的散失比较快而恢复又较慢。在13℃～14℃的环境下,仔猪体温在出生后1小时可降低2℃～7℃。外界温度在0℃左右时,仔猪在2小时内可被冻昏、冻僵,甚至冻死。

初生仔猪,在产后6小时内最适宜温度为35℃左右,2日内为32℃～34℃,7日龄以后可从30℃逐渐降至25℃。环境温度低时仔猪本能地缩屈身体以减少散热,或一窝仔猪互相挤在一起取暖。如果仔猪舍内持续低温,不但其哺乳期生长强度减弱,而且还会发生低血糖病,甚至引起死亡。对初生仔猪的保温是养好初生仔猪关键措施之一。

仔猪在哺乳期内,与体温调节有关的体组织也发生了一系列的变化,最突出的是体内脂肪剧增。初生时,体脂仅占1%～2%;1周龄时,体脂猛增至10%左右。2周龄时为15%;4周龄时,增至18%左右。由于皮下脂肪层的加厚,以及温度调控功能的逐渐建立,仔猪则会逐渐适应较低的温度环境。

(三)消化器官不发达,消化功能不完善

初生第一天的仔猪,胃重仅 5 克左右,能容纳乳汁 40 毫升左右;小肠重 40~50 克,能容纳 100 毫升的液体。10 日龄的仔猪,胃重量增长到 15 克,容积增至 150 毫升;20 日龄,胃重量达到 35 克;60 日龄时胃重量达到 150 克。小肠也强烈增长,4 周龄时重量为初生的 10.18 倍,达到 218.3 克占体重的 3.7%。消化器官这种强烈生长保持到 7~8 月龄,之后开始降低,一直到 13~15 月龄时才接近成年水平。猪的体重与消化器官的增长速度详见表 6-2。

表 6-2 仔猪体重与消化器官的增长速度表

		周 龄						
		0	4	8	16	20	22	24
体重(千克)		1.34	5.90	13.20	36.10	52.10	71.40	100.00
胃	重量(克)	5.90	38.94	137.28	368.22	448.06	570.00	599.76
	占体重(%)	0.44	0.66	1.04	1.02	0.86	0.80	0.70
小肠	重量(克)	21.44	218.30	316.80	1010.80	1302.50	1400.00	1570.80
	占体重(%)	1.60	3.70	2.40	2.80	2.50	1.96	1.57
大肠	重量(克)	7.50	40.12	188.76	617.31	880.49	889.64	1020.00
	占体重(%)	0.56	0.68	1.43	1.71	1.69	1.26	1.02

初生仔猪胃内仅有凝乳酶,而唾液和胃蛋白酶很少。同时,胃底腺不发达,缺乏游离的盐酸,胃蛋白酶就没有活性,不能消化蛋白质,特别是植物性蛋白质。此时,只有肠腺和胰腺的发育比较完善,胰蛋白酶、肠淀粉酶和乳糖酶活性较高。食物主要在小肠内消化。所以,初生仔猪只能吃乳。由于仔猪胃内缺乏盐酸,不能抑制或杀死有害的细菌,仔猪易患胃肠疾病,因此必须在初生仔猪吃初乳前口服药物进行"无痢先防":一窝仔猪(10 头)口服链霉素 2 支

第六章 哺乳仔猪的科学饲养目标管理技术

+青霉素(160万单位)2支或口服链霉素1支+卡那霉素2支。

随着日龄的增长和食物对胃壁的刺激,仔猪到20日龄开始分泌盐酸,以后不断增加,到35~40日龄时,胃蛋白酶才表现出较好的消化能力,此时仔猪可以利用乳汁以外的各种饲料,并进入旺食阶段。直到2.5~3月龄,盐酸的浓度才接近成年猪的水平。

哺乳仔猪的消化功能不完善的又一表现是食物通过消化道的速度较快,食物进入胃内排空的速度,15日龄为1.5小时,30日龄时为3~5小时,60日龄为16~19小时。

哺乳仔猪的消化器官发育还受饲养方法、饲喂次数和饲料的品质、形态的影响。哺乳前期,乳能引起胃和小肠的强烈蠕动,而对大肠则没有大的刺激;哺乳后期由于逐渐增加了饲料,尤其是在断奶后由于日粮中粗饲料的增加,促进了消化器官的发育,特别是胃和大肠的重量和容积大大增加。实践证明,早期给哺乳仔猪补料,不但可直接刺激胃壁分泌盐酸,激活胃蛋白酶原,提高仔猪的消化力,而且还可以促进大肠和胃的重量和容积的增加,增强抗病力,有利于哺乳仔猪快速生长、早断奶。

(四)缺乏先天免疫力,容易得病

因免疫抗体是一种大分子 γ-球蛋白。胚胎期由于母体血管与胎儿脐带血管之间被6~7层组织隔开,限制了母源抗体通过血液向胎儿转移,因此仔猪出生时没有先天免疫力,自身也不能产生抗体。此时最容易受到外界细菌和病毒的侵袭而得病。初生仔猪吃到初乳以后,靠初乳把母猪的抗体传递给仔猪,以后过渡到自身产生抗体而获得免疫。仔猪出生后,通过吸吮母猪初乳而获得免疫的这种方式称为被动免疫或后天免疫。

母猪分娩时,初乳中免疫抗体含量最高,以后随时间的延长而逐渐降低。分娩开始时,每100毫升初乳中含有免疫球蛋白15 000毫克,分娩后4小时下降到10 000毫克,以后还要逐渐减少。仔猪出生后的24小时内,肠道上皮(为单层柱状细胞)处于原始状态,具有吸收大分子蛋白质的能力,不论是免疫球蛋白还是细菌等大分子蛋白质,都能吸收(可以说是无保留的吸收)。初乳中含有抗蛋白分解酶,其作用是保护免疫球蛋白不被分解。如果没有这种酶存在,仔猪就不能原样吸收免疫抗体。这种酶存在的时间比较短,据测定:生后0～3小时内,肠道上皮对初乳中抗体的吸收能力为100%;在生后9～12小时,可降为5%～10%。如果初生仔猪,在生后3小时内能吃足初乳,初乳中免疫球蛋白就可以原样、直接被肠道上皮吸收到血液中,使仔猪血清中γ-球蛋白很快升高,免疫力迅速增加,获得坚强的免疫力。所以,在分娩后的第3小时内,让初生仔猪能吃到、吃足初乳,是让初生仔猪获得阶段性免疫力的关键措施,是提高仔猪哺育率的重要手段。

仔猪出生10日龄以后,才开始产生自身抗体,到30～35日龄前数量还很少。因此,3周龄是免疫球蛋白青黄不接阶段。此时,要进行猪瘟活疫苗(细胞源)的免疫注射(肌内注射),在有疫情地区,1次量为4个使用剂量(即4头份疫苗)以防母源抗体干扰;在无疫情地区,1次量为2个使用剂量(即2头份疫苗)。断奶后再强化免疫1次。此时,胃液内又缺乏游离盐酸,对随饲料、饮水等进入肠胃的病原微生物也没有抑制作用,是仔猪易患消化道疾病阶段,因此要从改善饲养管理入手,创造适宜仔猪生长的最佳环境,减少疾病发生的诱因;此时,也是仔猪易感染多种猪传染病阶段,因此要从加强免疫接种上下工夫,降低仔猪易感性,提高仔猪的抗病能力。

三、哺乳仔猪的科学饲养与护理技术

(一)哺乳仔猪的科学饲养技术

哺乳仔猪食物的主要来源是母乳。但是,有的母猪产后无乳;有的母猪产后有咬仔猪的恶习;有的母猪产后死亡,又没有合适的"保姆猪",就必须配制人工乳来养育这些吃不到母乳的"孤儿猪"。

第六章 哺乳仔猪的科学饲养目标管理技术

正常分娩的母猪,其泌乳量在产后3周后即逐渐下降。为了巩固仔猪奶膘的成果,必须抓好"旺食"、上"料膘"。为此,在仔猪生后5日龄,就应训练使其认料、吃料,等母猪泌乳量下降前,已学会吃料,才能保证仔猪生长发育迅速的营养需要,才能提高哺乳仔猪的成活率,增加哺乳仔猪断奶时的窝重,获得较高的经济效益。

1. 满足哺乳仔猪的营养需要 哺乳仔猪的饲料是依据哺乳仔猪饲养标准现制的高营养水平的全价饲料,要选择营养丰富,容易消化、适口性好的原料配制。配合饲料还需要良好的加工工艺,粉碎要细,搅拌要均匀,最好制成经膨化处理的颗粒饲料,一则进食速度快,消化液分泌充分,吸收好;二则营养全面,仔猪增重快。

目前,市场销售的乳猪料有多种,现介绍一些供用户参考(表6-3)。

表6-3 哺乳仔猪饲料配方及营养含量

	饲料及营养含量	配方1 7~15日龄	配方2 16~30日龄	配方3 31~60日龄
饲料组成(%)	玉 米	62.0	62.0	59.0
	豆 饼	28.0	25.0	26.0
	麦 麸	5.0	5.0	3.0
	全脂奶粉			4.0
	鱼 粉		5.0	5.0
	白 糖	5.0		
	抹食豆干草粉		1.0	1.0
	贝壳粉		1.5	1.5
	食 盐		0.3	0.3
	矿物盐		0.2	0.2

续表 6-3

饲料及营养含量		配方 1 7～15 日龄	配方 2 16～30 日龄	配方 3 31～60 日龄
营养含量	消化能(兆焦/千克)	13.05	13.55	13.77
	粗蛋白质(%)	18.0	19.8	20.6
	钙(%)		0.86	0.93
	磷(%)		0.5	0.5
	赖氨酸(%)	0.74	1.07	1.17
	蛋氨酸+胱氨酸(%)	0.32	0.72	0.75

注:1. 矿物盐成分含铁、锌、锰、钴、碘、硒、铜。
  2. 每 100 千克饲粮中应加复合维生素 10 克(含维生素 A、B 族维生素、维生素 E、维生素 D 等)。

实行 4～5 周龄断奶的哺乳仔猪和哺乳母猪的饲料配方及营养含量,见表 6-4。

表 6-4 哺乳母猪、哺乳仔猪饲料配方

饲料及营养含量		哺乳母猪料	哺乳仔猪料
饲料组成(%)	玉 米	49.0	59.5
	高 粱	9.0	10.0
	豆 饼	11.0	18.0
	麦 麸	26.2	3.5
	鱼 粉	4.0	8.5
	骨 粉	0.3	
	贝 粉	0.5	0.5
	合 计	100.0	100.0

续表6-4

饲料及营养含量		哺乳母猪料	哺乳仔猪料
添加剂组成(%)	硫酸亚铁	0.01	0.025
	硫酸锌	0.01	0.03
	硫酸铜	0.01	0.05
	多维素	0.01	0.06
	赖氨酸		0.3
	蛋氨酸		0.2
营养含量	消化能(兆焦/千克)	12.93	13.56
	粗蛋白质(%)	14.49	17.25
	赖氨酸(%)	0.50	1.06
	蛋氨酸+胱氨酸(%)	0.32	0.56
	钙(%)	0.68	0.62
	磷(%)	0.67	0.57

根据我国中型和地方品种饲养标准推荐的哺乳仔猪饲料配方及营养含量,详见表6-5。

表6-5 哺乳仔猪饲料配方及营养含量

饲料种类	7~30日龄		30日龄以后	
	1	2	3	4
全脂奶粉	20.0	—	20.0	—
脱脂奶粉	—	—	—	—
玉 米	15.0	43.0	11.0	46.0
小 麦	28.0	—	20.0	—
高 粱	—	—	9.0	18.0
小麦麸	—	—	0.2	—
豆 饼	22.0	25.0	18.0	27.8

续表 6-5

饲料种类	7～30 日龄		30 日龄以后	
	1	2	3	4
鱼 粉	8.0	12.0	12.0	7.4
饲料酵母粉	4.0	4.0	4.0	—
白 糖	—	5.0	3.0	—
炒黄豆	—	10.0	—	—
碳酸钙	1.0	—	1.0	—
骨 粉	—	0.4	—	0.4
食 盐	0.4	—	0.4	0.4
预混饲料	1.0	—	1.0	—
淀粉酶	0.4	—	0.2	—
胃蛋白酶	—	0.1	0.2	—
胰蛋白酶	0.2	—	—	—
乳酶生	—	0.5	—	—
消化能(兆焦/千克)	15.30	14.90	15.55	14.44
粗蛋白质(%)	25.2	25.6	26.3	20.4

2. 哺乳仔猪的科学饲养方法 提前诱食，早期补料。抓好旺食阶段的饲养，供给清洁、充足的饮水，是提高哺乳仔猪成活率、增加哺乳仔猪断奶窝重的关键措施。

(1)提前诱食，早期补料 初生仔猪完全依靠吃母乳为生。随着仔猪日龄的增加，其体重和所需要的营养物质也与日俱增，而母猪的日泌乳量在分娩后先逐日增加，到产后 20 天左右达到泌乳高峰，以后又逐渐下降。据试验观察，仔猪生后 2～3 周龄单靠母乳不能满足其快速生长发育的需要，补充营养的惟一办法就是给仔猪及时补充优质饲料。特别是推行"仔猪早期断奶"，更应实行提

第六章 哺乳仔猪的科学饲养目标管理技术

前强制诱食,早期补料。

①哺乳仔猪提前强制诱食、早期补料的优点 一是可以促进哺乳仔猪的消化器官的发育、增强消化功能。据试验:经早期补饲的仔猪,胃容积为 740 毫升,与未补饲仔猪的胃容积(376 毫升)相比,约大 1 倍。早期补饲仔猪,因胃内进入食物多,刺激胃壁分泌盐酸就多,激活胃蛋白酶也多,仔猪对蛋白质的消化、吸收量也多。因此,早期补饲的仔猪增重快、料膘上得就快就好。二是可以提高饲料转化率。饲料通过母体转化为奶,再通过仔猪吃奶的消化率仅为 20%～30%;而饲料不经过母体,而直接由仔猪利用的转化率为 50%～60%,可提高近 1 倍。三是可以提高断奶窝重和成活率。经补饲的仔猪消化器官发育良好,对营养物质的利用充分,生长发育快,体质好,抗病力增强。为安全断奶奠定基础。四是可以缩短母猪繁殖周期,提高年产仔数。运用早期补饲饲养法,仔猪增重快,可提前 10～15 天断奶,母猪哺乳期掉膘不严重,体质好,断奶后可以及时发情配种、怀胎,从而缩短了繁殖周期。

②提前、强制诱食的方法 仔猪出生后 3～5 日龄有拱掘地面和抢食颗粒饲料的习性。7～10 日龄开始长牙,齿龈发痒,正是训练仔猪"开水"、"开食"的好机会(仔猪第一次饮水叫"开水",仔猪第一次吃料叫"开食")。仔猪生后 3 日龄开始训练饮水。有自动饮水器的猪栏,在饮水器鸭嘴上加一个垫(就是在鸭嘴式饮水器的阀芯下面加一个木棍垫),让水从饮水器中一滴一滴地滴出,要滴在经消毒的红砖上,先让仔猪自由舔食滴水,然后再教仔猪抬头饮水。待仔猪学会饮水后,再撤掉垫物。早期强制"开食"诱食开始时间应在 5 日龄(仔猪喜食甜味、香味和乳味饲料)。强制诱食时要有耐心,时间应选在仔猪最活跃的时候,一般在上午 8～10 时,下午 14～16 时为好。强制"开食"诱食的方法是:在仔猪出生后 5 日龄时,在配合饲料中加入糖水调制成糊状,或将颗粒乳猪料用温水浸透呈糊状,涂抹在仔猪的舌面上或嘴唇上,让其舔食。然后,

将这种糊状饲料和要补饲的仔猪料都放在经消毒的木板上,放在保温箱门口附近,让仔猪自由舔食、采食。经过1~2天的强制诱食,便会自行吃料了。为了巩固强制诱食的成果,还可采取以下两种方法进行强化:一是"以大带小"巩固法。仔猪有模仿和争食的习性。可以将已学会吃料的仔猪和还没有学会吃料的仔猪放在一起吃料。二是"少给勤添"巩固法。仔猪有"料少则抢,料多则厌"的习性。所以,诱食时要少给勤添,促进仔猪吃料又不浪费饲料。

③早期补料的方法　及时补料,是降低仔猪死亡率的一个重要手段。母猪的泌乳量在仔猪20日龄左右达到高峰,以后逐渐下降,若不及时补料,就会影响仔猪生长发育。规模化养猪场一定要做到3日龄教会饮水、5日龄强迫诱食、认料、7日龄开始补料。补料方法应循序渐进,逐渐过渡、由少到多、不感到突然,进而达到旺食的目的。用于哺乳仔猪的饲料一定要营养全面,易消化,适口性好,并具有一定的抗菌抑菌能力,仔猪采食后不易患腹泻等疾病。从仔猪认食开始,就应改用全价配合饲料。做到料型固定。努力实现仔猪20日龄能较好地采食饲料,25日龄能大量吃料。补料的方法,主要有以下几种:

一是传统的仔猪补料方法:选用自配的乳猪料。补料的方法是先把自配的乳猪料内加一些白糖或炒过的谷粒。先教一窝中体重最大的吃料(把料抹在嘴里舌面上)、"以大带小"吃料,再少给勤添,保证饲料新鲜,每日喂料5~6次,饲料量由少到多。进入旺食期后,夜间多喂1次。

二是全价配合饲料的补料方法:全价配合乳猪料可分为粉型和颗粒料型,是哺乳仔猪最理想的补料。如果采用自动饲槽补料,宜用粉料。在采用饲槽饲喂时宜用全价颗粒饲料,也可以用半干粉料(干粉料∶水=1∶0.5,拌均匀)为好。不宜用稀料和热粥料,因为这类料型会减少仔猪采食干物质数量,冲淡消化液影响消化、下痢病多,影响增重。在按顿用饲槽饲喂仔猪时,一日至少喂

第六章　哺乳仔猪的科学饲养目标管理技术

5~6次,也可常备料,自由采食。无论按顿饲喂,还是常备料自由采食,都必须保证充足饮水,提高仔猪采食数量。

(2)抓好旺食阶段的饲养　仔猪4周龄,就进入旺食期。采食量增加、生长速度加快,为提高断奶窝重,必须抓好旺食阶段的科学饲养。从仔猪认料,到能正式吃料的过程为适应期,一般为10天左右,为旺食阶段奠定基础。从仔猪正式吃料到断奶的这一段时间为旺食期。这阶段的仔猪可大量采食和消化植物性饲料。抓好补料的目的在于补充母乳供应不足部分的营养需要。因此,应尽量设法让仔猪多吃快长。①饲料应多种搭配、营养丰富。仔猪在3周龄以后,母乳已不能满足需要,而仔猪的采食饲料的能力也逐渐增强,此时可逐渐减少仔猪哺乳次数,而用优质的仔猪饲料饲喂。每千克混合饲粮中含消化能不应少于13.81兆焦,粗蛋白质不少于22%、赖氨酸应占1%。为了提高仔猪料的适口性,可在仔猪料中添加5%左右的蔗糖或葡萄糖。②补料的次数要多,以适应仔猪消化系统生理特点的需要。因为仔猪胃容积较小,喂饲后胃完全排空的速度又较快,因此每天喂饮次数应多一些。1月龄前应喂6~8次,1月至2月龄应喂4~6次。2月龄以后,可以减至3~4次。每次喂量不宜过多,夜间最好喂料1次。③搞好饲料的调剂,加强饲养卫生。对仔猪饲料的饲料调剂的方法以生干粉料或生湿拌料饲喂最好。日增重比生稀粥料提高20.2%,比熟粥料提高22.9%。也可用白天湿拌料限量饲喂和夜间干粉料自由采食相结合的饲喂方式。要注意饲料、饲槽、用具清洁卫生。

(3)供给充足清洁的饮水　水是动物体的重要组成部分。哺乳仔猪体内含水75%~80%。为了保持体内水的平衡,需要从外界获得水,如果供水不及时,使体内失水20%,有可能导致仔猪死亡。一般来说,猪采食饲料和饮水的比例为1∶6。即每采食1千克饲料(干物质),需要喝水6升。不论是平地饲养还是网床饲养,都要安装饮水设备。尽管哺乳仔猪以母乳为食,但猪乳中的高脂肪、高蛋白质和高乳糖,都会使仔猪感到口渴,如无清洁饮水,就会因渴而喝污水或粪尿,导致感染疾病。在猪舍内或栅栏上要为仔猪安装位置较低的乳头式饮水器。如果是水槽,要经常换水。不同阶段仔猪的采食量和饮水量详见表6-6。

表6-6 不同阶段仔猪的采食量和饮水量

周龄	体重(千克)	饮水量(毫升/天)	采食量(克/天)	备注
1	1.3～2.6	400	3	3日龄教饮水
2	2.6～4.1	600	8	5日龄教认料
3	4.1～5.8	700	20	
4	5.8～7.7	800	70	
5	7.7～9.8	1000	170	

(二)哺乳仔猪的科学护理技术

抓好哺乳仔猪的护理工作,是提高仔猪成活率的根本措施。

1. 出生至2日龄的护理 对这段时间的仔猪要注意固定乳头、减少冷应激,创造适宜的生活条件,最大限度地降低死亡率。

第一,做好初生仔猪的护理工作。保持环境安静,要十分注重难产、假死仔猪的护理工作;搞好仔猪保温箱内温度的调控工作,要经常检查悬吊灯的高度、电热板的功能,发现问题及时解决,预防初生仔猪的冷应激的发生;让初生仔猪及时吃足初乳,固定好乳头,预防低血糖病的发生。

第二,保持适宜的环境温度。由于初生仔猪调节体温能力差,皮下脂肪薄,抗寒能力弱,因此要增加保温设备,保持适宜的环境温度。仔猪适宜的环境温度为:仔猪正常体温约为39℃,出生后6小时内所需要环境温度为35℃,出生7小时后为34℃,2～3日龄为33℃～31℃,4～7日龄为30℃～28℃,8～14日龄为28℃～27℃,15～21日龄为27℃～26℃,22～28日龄为26℃～25℃,29～35日龄为25℃～22℃,2～3月龄为22℃～20℃。哺乳母猪

第六章 哺乳仔猪的科学饲养目标管理技术

在15℃～18℃的气温下表现得很舒适。由于小猪怕冷而大猪怕热，如果把整个产房升温，一则母猪不适应，不但影响其采食和泌乳，而且还浪费能源，不经济。最好的办法是在产栏内设置保温箱为仔猪保暖。可在仔猪保温箱内挂一盏250瓦的红外线灯泡或铺一块保温板（电热板）。在保温箱内还要悬吊一支温度计（与初生仔猪体高持平）。这就实现了同一个分娩栏有两种小气候环境，做到"两全齐美"。在无电源或为降低耗电支出时，也可以在保温箱内铺草袋子或稻草（经消毒干燥的稻草、草袋子）。饲养人员，要经常检查草袋子的干湿和污染情况，发现问题，要及时更换。对初生仔猪，还要进行进、出保温箱调教工作；刚接产时，把保温箱出入口挡住，让其群体取暖，把被毛烘干。吃初乳时，把门打开，让初生仔猪从保温箱门口走出，再让其吃初乳；吃完初乳后，在饲养人员的看护下，自己走进保温箱取暖（因初生仔猪有向光性）。平时把保温箱门挡住，到吃乳时间，再把门打开。经过几次训练，仔猪就会习惯出入保温箱。这样，初生仔猪既不会冻死，又不会被压死、踩死，也减少了仔猪接触栏面的时间，从而就减少了受凉、受潮的应激，也就减少了感染机会。

第三，固定乳头，吃足初乳。初乳对初生仔猪有特殊的生理作用：一是可增强适应能力。二是初乳中含有较多镁盐，具有轻泻性，可促胎便排出，不发生便秘。三是有利于消化道活动。由于初乳的酸度高，可预防胃迟缓，促进消化道活动。四是提供丰富的营养。初乳中维生素A的含量比常乳多10～100倍。维生素B_1、维生素B_2的含量也极高。五是通过初乳把抗体供给初生仔猪，使初生仔猪获得被动免疫。初生仔猪，由于某些原因吃不到初乳，很难成活，即使勉强活下来，往往发育不良而形成僵猪。

在仔猪出生后前3天，要实行人工辅助固定乳头的调教，乳头一旦固定下来以后，一般到断奶很少更换。

固定乳头的原则：一是一头仔猪只能专吃一个乳头原则。其理由是:真正放奶(俗称"下经")时间只有10~20秒钟。初生仔猪有抢占多乳头据为己有的习惯。在这样暂短的放奶时间内,如果仔猪吃奶的奶头不固定,势必相互争抢奶头,而错过放奶时间。体重大者称霸,出现强夺弱食,也干扰母猪正常放奶。只有采取固定乳头的措施,才能保证每头仔猪在放乳时,都有奶吃。二是通过固定乳头的办法,实现发育整齐提高断奶整齐度的目的,其做法是:在人工辅助固定乳头时,将体重大、强壮的仔猪固定在后边奶少的乳头。因其吸吮按摩乳房有力,能增加泌乳量;把体重小的较弱的仔猪固定在前边奶多的乳头,弥补先天不足。三是有效乳头都不空的原则。做法是:对初产母猪,必须提高其利用强度,只要膘情好,则所有的有效乳头都尽量不空(因没有仔猪吃奶的乳房,其乳腺易萎缩),如果仔猪头数不够,可以从其他窝过入,或者训练1头仔猪吃邻近2个乳头。

人工固定乳头,一般采取"抓两头顾中间"的办法比较省事。就是把一窝中最强的、最弱的和最爱抢乳头的控制住,强制其吃指定乳头。至于一般的仔猪可让其自由选择乳头。在固定乳头时,最好先固定下边后排,然后再固定上边一排,这样既省事也容易固定好。此外,在乳头未固定前,让母猪朝一个方向躺卧,以利于仔猪识别自己吸吮的乳头。给仔猪固定乳头,是一项细致耐心的工作。尤其是开始阶段一定要细心照顾,必要时可用各种颜色在仔猪身上打记号,便于辨认每头仔猪,以便缩短固定乳头的时间。

第四,做好防压防踩工作。有的大型母猪或过肥的母猪,体格笨重,腹大下垂,起卧时更容易压死、踩死仔猪。加之,初生仔猪体格小、生活力弱,也易造成压死。仔猪初生后1周内,压死、踩死的仔猪数占总死亡数的绝大部分。防止母猪压死、踩死仔猪,可采取以下"五要"措施。

一是要确保母猪安静。为仔猪固定乳头时,饲养人员操作要做到轻手轻脚,尽量减少噪音,防止母猪的躁动。

第六章 哺乳仔猪的科学饲养目标管理技术

二是要齐根剪去仔猪上下门齿和犬齿,要求断面整齐,以免咬痛母猪乳头,造成母猪起卧不安。

三是要帮助仔猪出生后尽早吃上初乳。这可使仔猪更强壮,使初生后的仔猪有能力及时跑开,避免母猪卧倒时被压死。

四是要设护仔间。在规模化养猪场,都有专用产房。设有铝合金材料或镀锌管弯接焊成的分娩栏,每头母猪都安置在分娩栏内,从而大大地降低了踩死、压死仔猪的可能性。在不采用分娩栏产仔的猪舍,除应保持圈舍安静、注意提高产房温度、地面平整、防垫草过长过厚外,可在栏(圈)内设护仔间(以后可供补料用),定时放出来喂奶。这是保温和防止仔猪被压死、踩死的有效办法。如果没有护仔间(栏),可在仔猪初生后的头5天采用护仔筐,将母仔分开,每隔30~45分钟,哺乳1次。还可以在猪床靠墙的一面或三面用钢管、圆木或毛竹(直径5~10厘米),在离墙和地面各25~30厘米处设护仔栏,以防母猪靠墙卧倒时压死仔猪。如果发现仔猪被压住,可拍打母猪的耳根或提起母猪尾巴令其站起救出仔猪。

五是要搞好仔猪的寄养和并窝工作。当初生仔猪的头数超过母猪的有效乳头数或因母猪分娩后死亡、缺乳等均可采取寄养或并窝的方法。即为仔猪找"奶妈妈""猪保姆",就是过寄到别的母猪去哺育,来提高仔猪的成活率。同时,有两头母猪产仔数少,可以把两窝的仔猪并作一窝,送给其中一头奶水好、母性好的母猪去哺育。另一头母猪可以提早断奶、发情配种,这叫并窝。

寄养和并窝的原则有3条:一要掌握住一个前提。母猪产仔的日期要接近,最好不超过3天,这是前提。二要抓住一个关键。寄养出去的仔猪一定要吃足初乳,否则不易成活。三要抓"均匀度"。后产的仔猪往先产的窝里寄养时要寄养体重大的;先产的仔猪往后产的窝里寄养时要寄养体重小的。体重大小一样,是寄养成功的必备条件。在生产实践中,常采用"夜并昼不并""留弱不留强"和"拆多不拆少"的办法。即安排在晚间空腹时并窝,把较弱的仔猪留在原圈内,强壮的仔猪分出去;将一窝仔猪数少的群留在原圈,拆仔猪数多的群,再从中调入一些仔猪进入小群。这样分群、并窝办法极易成功。

寄养与并窝易出现的问题:一个是寄养的仔猪不认"奶妈妈",拒绝吃奶。常发生在先产的仔猪往后产的窝里过哺的情况。解决的办法是:把寄养的仔猪暂隔奶2小时左右,等到仔猪感到饥饿难忍时,再混群过哺。如果仔猪还不吃奶,可人工辅助哺乳,把奶头放入其口中,强制哺乳。重复多次,仔猪吃到甜头,就不会拒绝吃奶了。

另一个是"奶妈妈"不认寄养的仔猪,追咬寄养仔猪。解决的办法是干扰"奶妈妈"的嗅觉。做法有两个:一是要把寄养的仔猪与"奶妈妈"的仔猪混在一起,让它们互相接触一段时间,实现混群后,仔猪头头气味相同。另一个是用来苏儿溶液喷到母猪鼻端和仔猪身上。为了避免血统混杂,在寄养或并窝时,需要给仔猪打耳号,以便识别。

在母猪产仔多,母猪产后少乳或死亡,而又无寄养或并窝条件时,可采取以下办法:第一,轮流哺乳法。把全窝仔猪分成2组。其中一组与母猪有效乳头数相等,两组轮流哺乳。必要时补喂牛奶或羊奶,并早期断奶。第二,市场交易法。在24小时内送到初生仔猪交易市场进行交易。对于仔猪少于母猪有效乳头数的,可购买同期出生的仔猪代养哺乳,以便提高母猪的年生产力和仔猪的育成率。

2. 3日龄至3周龄的仔猪护理技术 这段时间的仔猪,要注意预防贫血和下痢。同时,还要做好早期补料和去势工作。

第一,预防仔猪贫血。铁是血红蛋白、肌红蛋白以及所有的含铁酶类的重要组成成分。初生仔猪体内铁的总储量约为50毫克(一般每千克体重仅含铁28毫克左右)。初生仔猪正常发育时,每

第六章 哺乳仔猪的科学饲养目标管理技术

天需7~11毫克铁,至3周龄共需铁约200毫克。而100克母乳中含铁仅为0.2毫克。由母乳供给仔猪的铁尚不足需要量的10%(表6-7)。因此,如果不给仔猪补铁,仔猪体内铁的储存量很快耗尽,一般10日龄前后就会因缺铁而贫血。最适宜的补铁时间一般在仔猪出生后2~3天。补铁方法很多,主要有以下几种。

表6-7 仔猪铁需要量与实际摄取量

仔猪周龄	仔猪活重(千克)	需铁总量(毫克)	母乳、饲料供铁量(毫克)	供需差额(毫克)
1	2.0	70	8	62
2	3.5	112	16	96
3	5.0	170	31	139
4	7.0	230	54	176
5	9.0	295	91	204

一是铁铜合剂补饲法。仔猪生后3日龄起,补饲铁铜合剂。把2.5克硫酸亚铁和1克硫酸铜溶于1000毫升水中,装于瓶内,备用。当仔猪吃奶时,将合剂滴在乳头上,让仔猪吸食;或用奶瓶喂给,每天1次,每天每头10毫升。

二是右旋糖酐铁液注射法。仔猪生后第3日龄,颈部肌内注射1次量,注射本品1毫升(相当于100毫克)。

第二,尽早补饲。诱食要先教饮水。仔猪3日龄时教喝水;5日龄时教认食,8日龄时让仔猪自由吃乳猪料。把乳猪料放入料槽里补料。做到少给勤添,看槽补饲。要经常观察仔猪吃料情况和数量。若发现突然剩料时,要查找(疾病)原因,及时解决。

第三,预防仔猪"下痢"。仔猪下痢一般分为哺乳期的红痢、黄痢和白痢(统称为仔猪"三痢")。红痢发生在3日龄以内的仔猪,是由C型或A型魏氏梭菌的外毒素所引起的,病程短,死亡率高;黄痢一般发生在3日龄左右的乳猪,7日龄以上的乳猪发病极少,是由致病性大肠杆菌的某些血清型引起的,是初生仔猪一种急性、致死性传染病;白痢一般发生在2~3周龄的乳猪,是由致病性大肠杆菌的某些血清型引起,是一种急性肠道传染病。要采取抓好"三早"、"三个加强"的办法预防仔猪下痢。"三早":一是早教饮水(生后3日龄教饮水),不喝粪尿水;二是早开食、补料,不啃异物;三是早发现病仔猪,"一头发病,全窝防治",用增效磺胺甲氧嗪注射液5×10毫升,口腔内滴服,每头0.5毫升,每日2次,连用3天;硫酸庆大霉素注射液10×2毫升,8万单位/支,口腔滴服,每头1万单位,每日2次,连用3日。在进行投药的同时,全场可用2%火碱大消毒。舍内,可带猪消毒。"四个加强":一是加强饲养管理,增强仔猪的体质,提高抗病能力。二是加强环境卫生、消毒工作,净化环境,减少发病的诱因。三是加强补料槽内的卫生管理,严把病从口入关。

第四,早期去势与驱虫。肉用商品猪为了保持优良肉质,小公猪可在断奶前实施去势手术。去势时间为2~3周龄。此时,伤口愈合快、应激小。保定容易,管理也比较方便。

为了保证仔猪快速生长发育,应及时驱除体内外寄生虫。第一次驱虫应在仔猪生后20日龄进行。

3. 3周龄到断奶前的护理技术 仔猪此期要注意减少应激反应,以达到最好的生长效果。

此阶段要供给仔猪营养丰富、易消化、适口性好的优质饲料,要采取自由采食的方式饲喂。如果采用限制饲养方式,每天喂5~6次,其中一次放在夜间。每次喂量不宜过多,以不超过胃容积的2/3为宜。同时,应注意防治仔猪的水肿病、链球菌病和仔猪副伤寒等疾病。

第七章　断奶仔猪的科学饲养目标管理技术

断奶仔猪,是从断奶开始到23千克体重阶段。是育成期阶段,或称保育仔猪。此时的仔猪,仍处于快速生长阶段,消化功能和免疫系统还没有发育完全。仔猪由原来依靠母乳和部分饲料,过渡到完全依靠饲料的独立生活;生活环境由产房迁移到仔猪培育舍,又伴随着重新组群、更换饲料、管理制度和饲养人员的改变,均给断奶仔猪很大的应激。因此,断奶仔猪的保育期阶段,是养猪的又一关键阶段,应引起养猪者的高度重视。

一、断奶仔猪的生产目标

断奶仔猪生产目标,主要有3点。

一是过好断奶关,搞好饲料、饲养制度和环境条件的"三过渡",加大管理力度,尽量减轻各种刺激,使仔猪在断奶后保持正常的生长发育,日增重头均450克以上。

二是仔猪活泼健康,毛色光亮,育成率在95%以上。

三是仔猪生长快,饲料转化率高。在仔猪培育阶段,70日龄头均体重要达到23千克以上,耗料与增重比在2:1以下。

要实现断奶仔猪的上述生产目标,必须从圈舍环境条件、断奶时间和方法、饲料营养、饲养管理和疫病防治等方面抓起,减少应激,创造一个适宜的生长发育环境。确保断奶仔猪成活率高,生长速度快,为育肥打好基础。

二、断奶仔猪的生理特点

第一,断奶仔猪处于生长发育最强烈阶段,但对不良环境条件的抵抗力还较差。此时各组织器官、消化功能和免疫能力还没有发育完全。对不良环境条件的抵抗力还较差,容易厌食、腹泻,出现生长缓慢等现象。

第二,断奶仔猪的消化系统发育较快,胃肠容积增大。

第三,胃内的消化酶有明显变化。仔猪胃内的消化酶主要有凝乳酶和胃蛋白酶。在3周龄以前,乳糖酶、胰蛋白酶浓度较高,而酸的浓度、胃蛋白酶、淀粉酶的浓度较低。因此,早期断奶仔猪的日粮中,应添加胃蛋白酶、淀粉酶和有机酸或稀盐酸(见图7-1)。

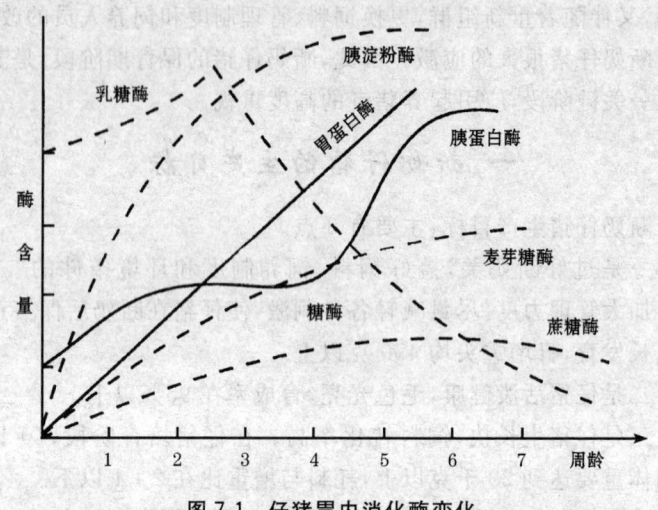

图 7-1 仔猪胃内消化酶变化

第四,断奶体重与断奶后生长性能之间有较强的正相关。断奶日龄小或体重小的仔猪,断奶前没有较多机会去吃干饲料,不但不能有效地消化植物性蛋白质,而且对环境温度的适应性较差,更容易患腹泻等疾病。在设计仔猪日粮时,要尽量多选用动物性蛋白质饲料,如奶粉、鱼粉、血浆蛋白粉和肉粉等,增加赖氨酸含量,少用豆粕等植物性蛋白质饲料。配制这样的仔猪料成本要高一

第七章 断奶仔猪的科学饲养目标管理技术

点。但是,一般只用于仔猪断奶后 3 周内,用量较少,对整个饲料成本的影响不大,况且对防病保健作用又较大。

第五,从断奶到 11 周龄期间,仔猪的生长速度决定着肥育后期的生长性能。断奶应激通常会导致断奶后的几天里不但进食量减少,而且体内的脂肪也将会损失 5%～7%。所以,断奶仔猪对温度的要求较高。3～4 周龄断奶的仔猪,断奶 1 周的适宜的环境温度为 28℃左右。仔猪的日龄和体重越小,对舍内温度的要求越高。舍内温度,每天变化 3℃时,即可引起仔猪腹泻和生长缓慢。

研究与实践表明,断奶体重大小是仔猪生长发育优劣的一个重要标志。体重大,活力强的仔猪,肥育时增重速度快,饲料利用率高,发病率和死亡率低,详见表 7-1。

表 7-1　仔猪体重与肥育效果　（单位:千克）

断奶仔猪体重	头数	208 日龄体重	比较(%)	死亡率(%)
5.0 以下	958	73.5	100	12.1
5.1～7.5	928	83.8	114	1.9
7.6～8.0	628	91.1	124	0.6

从表 7-1 可以看出,供做肉猪生产的仔猪体重大小不同,其肥育效果差别很大。

第六,断奶仔猪的肠道也有明显的变化。一是肠道结构的变化。以小肠的变化最为显著,主要表现为小肠绒毛萎缩,隐窝加深。21 日龄断奶的仔猪,断奶后 1 天,绒毛的高度下降到断奶前的 75%;断奶后 5 天,绒毛持续下降到断奶前的 50%。小肠绒毛变短和隐窝的加深,导致绒毛形态也发生了相应的变化,从断奶前浓密的手指状绒毛群变成一个平滑舌头状的绒毛面。由于肠绒毛大量脱落,不但降低了对营养物质的消化吸收,也影响了消化过程的分泌和吸收能力。二是肠道功能发生变化。伴随着肠道结构的变化,断奶后肠道功能也受到了影响。肠道内多种酶的活性降低:

断奶后 4～5 天,乳糖酶和蔗糖酶的活性迅速下降。28 日龄断奶仔猪,在断奶后 5 天内,乳糖酶、蔗糖酶和麦芽糖酶的活性至少降低 50%。研究表明:断奶后小肠绒毛高度的降低和刷状缘消化酶活性的减弱,与肠道对糖类和氨基酸类吸收能力下降密切相关。仔猪消化吸收能力的下降,造成仔猪肠道发育所需养分不足,必然导致肠道免疫功能受损。3 周龄以后仔猪获得的被动免疫处于最低水平,而自身的主动免疫系统要到 4～5 周龄才开始发挥作用。仔猪早期断奶带来的强烈应激严重影响仔猪的生长性能,但可通过营养手段选择高消化率饲料原料(脱脂奶粉、乳清粉、乳糖等)的饲喂来减少断奶后肠道结构和功能的变化,来缓解断奶应激,提高断奶仔猪的成活率。

三、断奶仔猪的科学饲养管理技术

断奶是仔猪的又一个关键时期。此时期的任务是保护断奶仔猪的正常生长发育、预防疾病、获得最大的日增重。要求仔猪断奶时间、方法合理,配合科学的饲养管理。

为了养好早期断奶仔猪过好断奶关,必须做到"四个维持"、"三个过渡"。"四个维持"是:维持原圈舍环境不变、维持原窝原群不变、维持原饲料不变、维持原饲养人员和管理制度不变。"三个过渡"是:逐渐做好饲料、饲养制度和环境的过渡。

(一)早期断奶

仔猪早期断奶,是提高母猪年产仔窝数和育成头数的关键措施。近年国内规模化猪场已普遍采取 21～35 日龄断奶,即早期断奶。3 周龄前断奶,称为超早期断奶。一般来说,养猪生产设备、饲料和饲养技术条件不具备的猪场,最好不要早于 21 日龄断奶。因为 3 周龄前,很少或几乎没有自身的抗体合成,时刻面临疾病和死亡的威胁。会给仔猪的人工培育带来许多困难,影响仔猪成活率。仔猪的适宜断奶时间,应根据各猪场的具体条件而定。饲养

第七章 断奶仔猪的科学饲养目标管理技术

技术好,饲料和生产设备条件具备的可采用 28 日龄断奶。条件稍差一点的可采用 35 日龄或 42 日龄断奶。

1. 早期断奶的好处 主要有以下 5 点。

(1)减少哺乳母猪的体重损失 仔猪早期断奶后,母猪不再经过复膘阶段,就可以及时发情配种,进入下一个繁殖周期。

(2)提高母猪繁殖力 由于早期断奶缩短了母猪产仔间隔,提高了母猪的年产仔窝数和年产仔总头数。

$$母猪年产仔窝数 = \frac{365 \text{天}}{妊娠期 + 哺乳期 + 空怀期}$$

母猪妊娠期、哺乳期、空怀期之和为一个繁殖周期。妊娠期约为 114 天,没有多少变动。而哺乳期和空怀期是可变的。那就是说,哺乳期和空怀期的长短,会直接影响着繁殖周期的长短。早期断奶,就是缩短哺乳期。哺乳期缩短了,母猪的体能和体重的消耗就少,断奶后就能迅速发情、配种。这样,就缩短了母猪的空怀期,大大地提高了母猪的繁殖强度,增加了母猪的年产仔窝数和年产仔总头数。据中国农业科学院畜牧研究所试验证明,仔猪 21 日龄断奶,母猪年产仔猪可达 2.5 胎,比 42 日龄断奶每年可多产仔 4~6 头。在 1 年中,1 头 21 日龄断奶的母猪比 42 日龄断奶的母猪,可少吃饲料 20 千克以上,每头仔猪的饲养本成又可减少 5%左右。

(3)可提高饲料的利用效率,降低饲养成本 母猪吃料转化为乳,仔猪吃乳增加体重。在饲料转化成乳,乳转化成仔猪体重的过程中,饲粮中营养的利用率只有 20%,而采用早期断奶,仔猪直接摄取饲料,使饲料直接转化成体重的饲料中营养的利用效率提高到 50%以上,因此大大提高了饲料利用效率,降低了饲养成本。

(4)可减少发病,促进生长发育 早期断奶仔猪,在刚断奶时,由于应激反应,增重较慢。但饲料的日粮是根据仔猪营养需要设计的,能最大限度地满足仔猪对营养的需要。一旦适应后,不但生长得到补偿,增重变快,而且又可减少疾病、推动规模化猪场的"全进全出"的生产工艺正常运行。

(5)提高产仔栏和设备的利用率 实行早期断奶,可以缩短母猪占用产仔栏时间,从而提高了每个产仔栏的年产仔窝数和断奶仔猪头数,相应地降低了生产断奶仔猪所需产仔栏设备的生产成本。

2. 早期断奶方法 断奶方法一般是根据饲养管理条件、养猪生产水平和生产方式、养猪的目的来确定。在规模化、集约化养猪场,多采用1次性断奶法,便于全进全出饲养。在规模较小的猪场或农户,多采用逐步断奶法,分批断奶。断奶体重多在头均7~10千克。

(1)一次性断奶法 断奶前3天,要减少母猪的饲喂量,以便减少泌乳量,迫使仔猪多吃饲料,到断奶日龄时,一次性将仔猪与母猪分开。断奶时将母猪从产房赶走,回到配种舍;仔猪仍留在原圈原群饲养。即母离仔不离。同时,继续饲喂乳猪料10天。这样,仔猪在熟悉的环境下断奶、补料不变、应激较少。此法最大的优点是:简便易行、省工省时。缺点是:一刀切,仔猪易引起应激,母猪易烦躁不安。断奶时间最好在下午进行。这样,不但可减少断奶仔猪的应激,而且还减少断奶母猪间的咬架等应激反应,做到母仔双安全。

(2)逐步断奶法 在断奶前4~6天,减少母猪和仔猪的接触,减少哺乳次数。同时,适度减少母猪饲喂量,使仔猪由少哺乳到不哺乳,有个适应过程。这种方法的优点是:能保证母猪和仔猪,安全、顺利断奶。缺点是:操作起来麻烦,费时费力,不适于大规模养猪生产。

(3)分批断奶法 把一窝仔猪中生长好、体重大而强壮的或拟作肥育用的仔猪先断奶,而体重较弱的或拟作种用的仔猪后断奶。此法优点是:能减少母猪精神不安,还可有效地预防乳腺炎的发

第七章 断奶仔猪的科学饲养目标管理技术

生。缺点是:断奶时间拉得越长,断奶后的仔猪也越难管理。又延长了哺乳期则可影响母猪的繁殖成绩,增加母猪对疫病感染的几率。

3. 早期断奶仔猪对营养物质的需要　早期断奶仔猪日龄小,消化功能不十分健全,抵抗力弱。所以要求营养物质必须全价和易消化、适口性好、体积小。要求仔猪日粮必须原料品质新鲜、营养全面、日粮消化率高(经研究发现,一头体重10千克的断奶仔猪,当日粮消化率为90%时,其采食量为每天600克;当日粮消化率降至75%时,采食量为每天320克)。由此可见,选择高消化率饲料原料是提高早期断奶仔猪采食量、降低发病率、确保早期断奶成功的重要措施。如果饲料营养不良、日粮消化率低,就会导致早期断奶失败。

在配合早期断奶仔猪日粮时,要充分注意饲料原料的品质新鲜、营养全面,适口性好的选择。在谷类饲料中,玉米和小麦的适口性最佳,在动物性蛋白质饲料中,淡鱼粉、血粉、血浆蛋白粉的蛋白质品质最好,最易吸收。大豆粉炒熟后有香味,大大提高了适口性;奶粉营养丰富,适口性最好。含高乳糖的乳清粉,有显著的促生长作用。研究表明:断奶仔猪的日粮中添加乳清粉反应良好。不但能明显改善3~4周龄断奶仔猪最初2周的生产性能,而且还有利于保护肠黏膜不受损失,进而促进了饲料营养的消化、吸收。添加量达20%~25%时,生产性能表现最佳。但对5周龄以上断奶仔猪,日粮中一般不需要添加乳清粉。对油脂的选择以豆油、椰子油的配合使用效果最好,一般添加1%~5%。在使用时,要注意油脂含量高对粒成形的不利影响。

为了减少下痢,增加早期断奶仔猪的抵抗力,促进生长,要在日粮中加入抗生素、驱虫剂和促生长剂等。常用的抗生素有:杆菌肽锌、土霉素等。试验结果表明:添加抗生素,可使仔猪日增重提高12%~15%,饲料报酬提高10%~13%。

为了增加仔猪体内胃肠道的酸度,提高蛋白酶的活性、抑制有害细菌的繁殖,在仔猪的日粮中加入1%～2%的有机酸(如柠檬酸、延胡索酸等)可促进生长。

为了帮助消化,可在仔猪日粮中加入复合酶制剂。为了改善日粮的适口性,可适当地加入调味剂。

目前,国内一般在仔猪出生后28～35日龄实行一次性断奶,仔猪平均体重为5～10千克。仔猪断奶后,完全靠饲料获取营养。而仔猪此时正处于生长快速阶段,因而对饲料营养的要求相对较高。

这里应强调的是,如果仔猪断奶体重小,比如说只有5千克,可将断奶仔猪饲料分为两个阶段供给。前阶段可以喂营养水平较高的饲料,配制的饲料营养水平相当于体重5～10千克阶段的标准。后阶段配制饲料营养水平应达到体重10～20千克阶段的营养水平。

蛋白质和氨基酸水平的高低事关仔猪的生长发育。详见中国猪的饲养标准附表1-5。

4. 断奶仔猪的饲料配方 全国断奶仔猪配方协作试验中统一饲料配方详见表7-2(推荐)。

表7-2 全国断奶仔猪配方协作试验中统一饲料配方 (%)

成 分	日龄阶段
	28～35日龄
无毒黄玉米(12%水分)	62.0
低脲酶豆粕(粗蛋白44%)	25.0
低盐进口鱼粉(粗蛋白60%)	6.0
食用油	3.0
赖氨酸	1.0
磷酸氢钙	1.7
食 盐	0.3

第七章 断奶仔猪的科学饲养目标管理技术

续表 7-2

成　分		日龄阶段
		28～35 日龄
预混料		1.0
合　计		100
消化能（千焦/千克）		1380.72
粗蛋白质		19.50
赖氨酸		1.10
预混料组分	铁（毫克/千克）	150.00
	铜（毫克/千克）	125.00
	锌（毫克/千克）	130.00
	锰（毫克/千克）	5.00
	碘（毫克/千克）	0.14
	硒（毫克/千克）	0.30
	喹乙醇（毫克/千克）	100.00

注：另加多种维生素，每 100 千克日粮中加 10 克

中国农业科学院北京畜牧兽医研究所推荐的仔猪早期断奶饲料配方见表 7-3。

表 7-3　中国农业科学院北京畜牧兽医研究所推荐的早期断奶仔猪饲料配方　（%）

成　分	21 日龄断奶仔猪		42 日龄断奶仔猪	
	仔猪 1 号料（7～35 日龄）	仔猪 2 号料（35 日龄以后）	仔猪 3 号料（7 日龄后）	
			所内小群试验	中间试验
白　糖	5.0			
小　麦	31.0	18.0		
麦渣（粉碎麦粒）				15.0
大　麦			13.5	15.0

续表 7-3

成分	21日龄断奶仔猪		42日龄断奶仔猪	
	仔猪1号料 (7～35日龄)	仔猪2号料 (35日龄以后)	仔猪3号料(7日龄后)	
			所内小群试验	中间试验
玉米	20.0	40.0	40.0	31.0
高粱		5.0	10.0	
炒黄豆	10.0	6.0		
豆饼	15.0	15.0	15.0	15.0
糠饼				3.0
麦麸			5.0	8.0
秘鲁鱼粉	12.0	10.0	10.0	10.0
槐叶粉	1.5	2.0	2.0	2.0
胃蛋白酶	0.1			
乳酶生	0.5			
饲用酵母粉	4.0	3.0	3.0	
食盐	0.3	0.3	0.5	0.2
骨粉	0.6	0.7	1.0	0.8
消化能(兆焦/千克)	14.43	14.39	13.81	13.05
可消化粗蛋白质(克/千克)	208	186	161	164
粗蛋白质	24.75	22.30	20.51	20.24
粗纤维	2.71	2.75	3.22	4.90
钙	0.79	0.74	0.84	0.78
磷	0.71	0.66	0.70	0.71
赖氨酸	1.34	1.16	1.04	1.01
蛋氨酸+胱氨酸	0.64	0.57	0.52	0.60

注：在仔猪1、2号料中，每100千克混合料加硫酸铜5克、硫酸亚铁、硫酸锌、土霉素碱、呋喃西林各10克，及多种维生素10克

第七章 断奶仔猪的科学饲养目标管理技术

其他畜牧研究单位推荐的早期断奶仔猪的日粮配方见表 7-4（推荐）。

表 7-4 几种早期断奶仔猪日粮配方 （%）

成 分	配方 1 7～35 (日龄)	配方 2 35～63 (日龄)	配方 3 3～36 (日龄)	配方 4 5～44 (日龄)	配方 5 44～59 (日龄)	配方 6 5～59 (日龄)	配方 7 7～75 (日龄)	配方 8 75～120 (日龄)
玉 米	20.0	40.0	40.0	20.0	20.0	22.0	35.5	30.0
小 麦	31.0	18.0	13.5	—	—	—	—	30.0
大 麦	—	—	—	—	—	—	25.0	—
炒大豆粉	10.0	6.0	—	5.0	5.0	—	—	—
豆 饼	15.0	15.0	15.0	20.0	20.0	35.0	15.0	15.0
鱼 粉	12.0	9.5	10.0	4.0	4.0	—	8.0	5.0
麦 麸	—	—	5.0	4.4	4.4	15.0	15.0	10.0
高 粱	—	5.0	10.0	13.0	12.7	20.0	—	—
大米糠	—	—	—	—	5.0	5.5	—	8.5
小 米	—	—	—	17.7	16.0	—	—	—
砂 糖	5.0	—	—	3.0	—	—	—	—
槐叶粉	1.5	2.0	2.0	—	—	—	—	—
干酵母	3.5	2.8	3.0	11.0	11.0	—	—	—
淀粉酶	0.5	—	—	—	—	—	—	—
胃蛋白酶	0.5	0.2	—	—	—	—	—	—
石 粉	0.7	1.0	1.0	1.0	1.0	1.0	—	1.0
蛋壳粉	—	—	—	—	—	—	1.0	—
贝壳粉	—	—	—	0.6	0.6	1.0	—	—
食 盐	0.3	0.5	0.5	0.3	0.3	0.5	0.5	0.5
总 计	100	100	100	100	100	100	100	100
消化能(兆焦/千克)	14.31	14.31	14.12	13.94	14.31	12.55	13.58	13.37
粗蛋白质	22.90	20.00	19.10					

续表 7-4

成 分	配方 1 7~35 (日龄)	配方 2 35~63 (日龄)	配方 3 3~36 (日龄)	配方 4 5~44 (日龄)	配方 5 44~59 (日龄)	配方 6 5~59 (日龄)	配方 7 7~75 (日龄)	配方 8 75~120 (日龄)
粗纤维	2.46	2.41	2.54	2.53	2.91	3.95	—	—
钙	7.38	7.39	7.60	8.07	8.20	9.04	—	—
磷	5.23	5.46	5.76	5.67	6.41	7.42	—	—
赖氨酸	1.38	1.17	1.08	—	—	—	—	—
蛋氨酸+胱氨酸	0.79	0.68	0.70	—	—	—	—	—

加拿大推荐的早期断奶仔猪的推荐日粮配方见表 7-5。

表 7-5 加拿大推荐仔猪日粮配方 (%)

成 分	3~5周龄 (粗蛋白质 20%)	5周龄以上 (粗蛋白质 18%)
小 麦	15.0	24.1
大 麦	15.0	25.0
去壳燕麦粒	22.0	25.0
牛羊脂	2.0	3.0
大豆粉	15.0	11.4
青鱼粉	7.0	—
油菜籽粉	—	7.5
乳清粉	20.0	—
碘 盐	0.5	0.5
磷酸钙	1.5	1.5
碳酸钙	1.0	1.0
维生素、矿物质	1.0	1.0
合 计	100.0	100.0

注:①3 周龄断奶仔猪的日粮中的乳清粉,最好选用食品级的
　　②4 周龄断奶仔猪的日粮中的乳清粉,可选用饲料级的

第七章 断奶仔猪的科学饲养目标管理技术

美国饲料谷物协会提供的断奶仔猪饲料配方见表 7-6（推荐）。

表 7-6 美国饲料谷物协会提供的断奶仔猪饲料配方 （%）

成　分	体重范围（千克）			
	7～22.5	7～22.5	8～20	7～15
黄玉米	58.95	56.35	61.42	58.6
大豆粕	21.5	19.5	24.6	15.0
全脂大豆				5.0
鱼　粉	5	5	4	7
脱脂奶粉	5	5		5
乳清粉	5	7.5	5	3
油　脂	2	3.5	0.6	1
食　盐	0.4	0.2	0.4	0.4
磷酸氢钙	1.45	1.1	2.2	1.4
石灰石粉	0.4	0.3		0.3
葡萄糖				2.0
蛋氨酸			0.12	
赖氨酸			0.16	
ASP-250		0.25		
抗生素预混料	0.1			
预混料	0.2	0.2	1.0	1.0
有机酸		1.0	0.5	0.3
酶制剂		0.1		
合　计	100	100	100	100
粗蛋白质	19.7	20.1	19.5	20.1
消化能（兆焦/千克）	14.23	14.48	13.64	
代谢能（兆焦/千克）				13.43

续表 7-6

成分	体重范围(千克)			
	7~22.5	7~22.5	8~20	7~15
钙	0.95	1.17	1.01	0.92
磷	0.77	0.71	0.68	0.80
赖氨酸	1.18	1.23	1.33	1.30
粗脂肪		5.7		4.6
粗纤维		2.06		2.0

日本早期断奶仔猪补饲日粮配方见表 7-7(推荐)。

表 7-7 日本早期断奶仔猪补料日粮配方 （%）

成分	第一配方		第二配方	
	前期用	后期用	前期用	后期用
玉 米	14.0	35.0		35~45
小麦粉	33.5	18.0	30~45	15~20
大麦粉		14.0		
高 粱				10~15
炒大豆粉		5.0	8~12	
大豆饼		7.0	8~12	8~12
优质鱼粉	12.0	6.0	8~14	8~14
脱脂奶粉	25.0	5.0		
砂 糖	10.0	2.0		
糖 蜜			0~3	0~5
葡萄糖			10~16	0~1
味 精			0.2	
动物油脂	2.5	2.0		
维生素	1.5	3.0	0~2	0~1
矿物质	1.5	3.0		

第七章 断奶仔猪的科学饲养目标管理技术

续表 7-7

成分	第一配方		第二配方	
	前期用	后期用	前期用	后期用
复合维生素 B			0.05	0.05
维生素 A、D、E			0.05	0.05
蛋氨酸			0.10	0.05
赖氨酸			0.15	0.10
碳酸钙			1.00	0.50
碳酸氢钙			0.50	0.70
微量元素			0.50	0.50
食盐			0.35	0.45
胃蛋白酶			0.20	0.06
抗生素			0.20	0.02
抗菌剂			0.13	

5. 饲料加工方式对断奶仔猪生产性能的影响 断奶仔猪采食颗粒饲料比采食粉状饲料效果好。颗粒饲料可以改善饲料转化率，减少饲料的损耗，容积增加，减少贮存体积。研究表明，给幼猪使用直径 2.5 毫米、5~8 毫米长的颗粒料，饲料转化率可提高 10%，可获得最佳的生产性能。对月龄大的猪，颗粒的大小不那么重要。

(二)断奶后仔猪的科学饲养管理技术

要养好断奶仔猪，必须做到"四个抓好"。

1. 抓好断奶仔猪的原圈培育，安全度过"黑色周" 仔猪早期断奶后的 1 周，由于生活条件的突然变化，会出现短期的生长停滞、腹泻、食欲减退、被毛粗糙、体重减轻、转栏应激等现象，时间在 1 周左右，这一现象在规模化猪场称之为"黑色周"。具有一定规模的中小型猪场为了提高母猪的繁殖率和生产效益,多采用21～28天早期断奶。这样,加强早期断奶仔猪的科学饲养管理就显得特别重要。对那些规模较小的个体户或农户,他们饲养的母猪不多,多数采用45日龄、双月龄断奶,就不存在黑色周的问题。尤其是哺乳期内"开食"较晚、补料较少的仔猪,断奶后上述表现更加明显。一般需要5～7天仔猪才能恢复体重和正常的生长发育。

断奶仔猪的原圈培育,是帮助断奶仔猪安全度过"黑色周"的比较有效的办法之一。此办法是在仔猪早期断奶时,将母猪赶走,让断奶仔猪仍留在原圈饲养最大限度地降低断奶的应激反应。具体做法是"四不变"、"四个逐渐过渡"。

"四不变"是:

一是圈舍环境不变。仔猪到断奶日龄时,将母猪赶走,赶回空怀母猪舍,仔猪仍留在产房原栏内饲养一段时间(一般是7～10天)。

二是原窝原群不变。仔猪断奶后,不并窝不混群,仍保持原来群体的大小,让断奶仔猪安全地度过断奶期。

三是原喂的哺乳期补料不变。仔猪断奶后,还让其吃原来的哺乳期的补料,一般维持7～10天。这样可避免因突然改变饲料而降低食欲,引起消化障碍、影响断奶对仔猪的生长发育。

四是饲养人员及管理方法不变。原来饲喂哺乳母猪的饲养人员,了解母猪和仔猪的习性特点,应继续让其饲喂断奶仔猪,保证断奶仔猪按时吃料、及时饮水。还可及时发现得病的小猪,做到治疗及时,不误诊。

"四个逐渐过渡"是:

一是饲养环境逐渐过渡。采取原圈饲养,使饲养环境逐渐过渡。如果需要调圈(栏),可在原圈饲养10天左右,仔猪吃食、粪便均正常后并圈、分群或转入保育舍。为了防止咬斗,可以在仔猪身上喷洒来苏儿消毒液,干扰仔猪嗅觉,促进其和平共处。

第七章 断奶仔猪的科学饲养目标管理技术

二是饲料逐渐过渡。仔猪断奶后，在10天内，仍保持原饲料不变。过10天以后，再由哺乳期补料逐渐过渡到断奶仔猪料，以免突然改变饲料降低食欲，引起消化紊乱，影响仔猪生长发育。一周按1/3、1/2、3/4的比例逐渐过渡到断奶仔猪料。

三是饲喂次数逐渐过渡。仔猪断奶后1个月内，饲喂次数不变，1个月后逐渐减少饲喂次数。这样可控制其采食量，不影响生长。

四是饲养制度逐渐过渡。断奶头3～4天，仔猪对饲料的消耗量极少。这是仔猪一种保护性反应，以便肠道适应食物变化，使消化酶有个适应过程。要采取少喂多餐的饲喂法，每天6～8次。但在第5天以后又会猛吃，这样很容易发生消化不良性下痢。因此，要在断奶后头1周，适当控制仔猪的采食量，吃到七八分饱即可。以后逐渐增加饲喂量、逐渐减少饲喂次数，至3月龄改为日喂4次。并设自动饮水器，保证饮水充足和清洁。

实践证明，利用原圈培育方法，做到"四个不变""四个过渡"，可提高断奶仔猪成活率15%～20%，可基本保持断乳前的增重速度，是猪快速肥育的一项新的技术措施。

2. 抓好断奶仔猪的"控料"饲养 仔猪早期断奶易引发早期断奶综合征，引发这一后果的主要原因是断奶应激对仔猪肠道屏障的破坏和肠道免疫功能受损。据报道，蛋白质和能量不足会影响许多非特异性免疫功能，导致肠道组织屏障萎缩，黏膜分泌减少，干扰素生成量降低，且会造成T细胞受损。脂肪酸摄入不足会造成淋巴细胞萎缩。各种维生素和微量元素对免疫系统的发育和功能的发挥同样起着非常重要的作用。因此，要通过科学地喂料，提供充足营养，尽量减少断奶后肠道结构和功能的变化，来缓解断奶应激。断奶后控制饲粮喂量，是早期断奶仔猪培育的关键技术之一。对于21、28、35日龄早期断奶的仔猪，刚断奶后的7天内，由于断奶的强应激，消化机能较弱，因此必须要有3～4天的

"控料"饲养,日喂量为原来的70%～80%,连续喂哺乳期饲料3～4天。5天后以吃饱不剩料、不腹泻,看槽饲喂,逐渐增加日采食量的原则,要供给充足清洁的饮水。提高仔猪断奶后增重速度,则首先要科学地增加采食量,要逐渐增加采食量,让仔猪有个良好的适应过程。因此,对断奶后的仔猪,每餐喂料时要看槽饲喂,做到"三看":

一看仔猪采食情况,仔猪刚断奶,第一次加料要少,喂第二顿时要先看料槽内剩料情况,若槽内仅剩一点碎末,没有成小堆的粉料或颗粒料,说明上次喂料量适中;若槽内被舔得干干净净、很湿润,说明上次喂量不足,本次应增加投料量;若槽内有剩料,说明上次喂料量太多,并将剩料清除,再加新料。做到适时、适量饲喂。

二看仔猪活动情况,如果喂料前,仔猪听到响声蜂拥而至,叫声不断,说明很饥饿,投料时可以适当地多加。如果给料后在10分钟左右就吃完,而且吃完后,仍挤在槽边张望,不肯回窝,说明投料不足,还可多喂一些。如果饲喂时,仔猪听到响声未到槽边,且叫声小且弱,不慌不忙,加料后也不抢食,说明不太饿,可以少投一点料。要做到少给勤添,看槽饲喂。

三看仔猪排粪状况,仔猪断奶3天内的粪便,形状由粗变细,颜色由黄色变成褐色,这是正常粪便。粪便较软,油光发亮,色泽正常,说明上次投料量正好。如果圈内有少量零星粪便,呈黄色,内含有饲料颗粒,说明有个别仔猪抢食过量,下次加料要比上次减少15%左右;如果发现粪便呈糊状,淡灰色,并有零星粪便呈黄色、粪内含有未消化的饲料,这是全窝仔猪要有下痢的预兆,应注意观察,停食一顿。下顿只喂停食前的60%;再下顿也要视粪便情况而定,如果看到圈内大部分粪便变软、变黑,喂料量可恢复到正常喂量的80%,再下顿可恢复到正常量。若粪便呈糊状、绿色、粪内混有脱落的肠黏膜、恶臭,说明病情严重,这时,要立即停食2顿,第三顿只在槽底撒少量饲料,3天后再逐渐恢复到常量。观察

第七章 断奶仔猪的科学饲养目标管理技术

粪便最佳时间是 12～15 时。生产的实践证明,断奶后 1 周内仔猪体重每增加 0.5 千克,则达到上市标准体重所需时间就比断奶后第一周内不增重的仔猪少 3～5 天。研究结果表明,断奶后第一周内增重 1 千克的仔猪,达到上市标准体重的时间比断奶后第一周内负增重的仔猪少 15 天。

3. 抓好断奶仔猪的调教管理 断奶后必须转群的仔猪,无论是在吃食、卧位、饮水和排泄等,尚未形成固定位置,所以要加强调教,做到吃食、睡卧、排粪的"三点定位"。训练办法是:在分栏时,靠近饮水器的一侧设为排泄区,把仔猪粪便放在此位置上,并在粪便周围洒点水,让床(地)面潮湿;靠近食槽的一侧为睡卧区,可在此位置铺上垫板(水泥地面可铺上稻草),在饲槽内加入饲料。对不到指定地点排泄的仔猪,要用小棍哄赶并加以训斥。经过 3～5 天的调教,就可达到"三点定位"的效果。这样,既便于清粪,又可保持圈舍清洁卫生,有利于断奶仔猪健康生长。

4. 抓好环境条件的控制工作,保证断奶仔猪正常生长发育

(1)适宜的舍温 刚断奶的仔猪对冷非常敏感。仔猪日龄越小,需要温度越高,越稳定。如果仔猪较长时间暴露于低温环境中,不但其体温、皮温下降,生长速度也会放慢。这种不良效应还延续到上市,可使育肥天数延长,生产成本上升。4 周龄断奶仔猪最低起始温度应保持在 25℃,1 周后每周可降低 2℃。断奶后第一周日温差如超过 3℃ 时,仔猪就会腹泻和生长不良。测定猪舍温度,必须在猪体同一高度,因为人眼睛水平处测得的温度常比地面高出约 4℃。适宜的相对湿度为 65%～70%。平时要灵活掌握开、关窗户通风的时间,既要保持舍内温度,又要保持舍内空气新鲜。

(2)适宜的光照 阳光能使仔猪皮肤温暖,加速血液循环,促进皮肤代谢。阳光中紫外线能促使皮肤内 7-脱氢胆固醇转化为维生素 D_3,促进肠黏膜对钙、磷的吸收和钙、磷在骨骼中的沉积。

圈舍被阳光照射,可抑制部分病毒、细菌的生长与繁殖,减少疾病发生的机会。在规模化养猪场舍饲条件下,夜间应有一定的照明时间。前半夜照 1 小时,一则加强光照,二则可让仔猪夜间采食,提高生长速度。

5. 抓好卫生、消毒和防疫工作,降低发病率 圈舍在使用前彻底消毒、至少空圈 48 小时,干燥后方可进猪。随时清除网上粪便,定时清扫,保持环境卫生。

每周喷雾消毒 3 次,做到喷雾到边到头,不留空地。

仔猪断奶后 7~8 天,可接种猪瘟、猪丹毒、猪肺疫和仔猪副伤寒等疫苗,并在转群前驱除体内外寄生虫。还要经常观察断奶仔猪的精神状态、呼吸、采食、排粪等情况,发现病情要立即加强饲养管理,隔离治疗。

冬春季节,猪群不宜过大。要做到每月调整一次猪群,剔除弱小仔猪,增加猪群整齐度的管理,对弱小猪群,实行增加日喂次数管理。搞好通风换气,预防呼吸道疾病的发生。

(三)网床培育断奶仔猪

1. 网床培育断奶仔猪的好处 是提高早期断奶仔猪成活率和饲料转化率的主要技术措施。优点:一是把断奶仔猪离开地面饲养,可减少冬季地面传导散热的损失,提高温度。二是可改善生活环境,尤其是卫生条件好。减少仔猪接触粪尿等污染源机会,床面清洁、卫生、干燥,可遏制仔猪腹泻病的发生和传播。据 88 窝断奶仔猪网床培育试验结果证明,仔猪生后 70 日龄,平均个体重达到 25 千克。生后 35 日龄到 70 日龄期间的平均日增重达到 433 克,育成率为 97.1%,与相同条件下砖地面上养育的断奶仔猪平均日增重提高 50 克,提高了 12%;育成率提高了 10%。

2. 饲料及饲养管理技术 整个培育期间均为自由采食,自由饮水。35~50 日龄饲料粗蛋白质水平为 20%~22%,消化能为 13~14 兆焦/千克。50 日龄以后,饲料粗蛋白质水平降到 18%左

第七章 断奶仔猪的科学饲养目标管理技术

右。网床上饲养,一定要加强对仔猪的科学饲养管和疫病管理,做到定时供料、定时清粪、定时带猪消毒、定时观察猪群,发现异常情况及时报告,不出现人为事故。要经常检查鸭嘴饮水器排水情况,让断奶仔猪饮足清洁饮水,达到快速生长的目的。70日龄(体重23~30千克)时下网床,转群到生长肥育舍饲养。小猪下网床后,对培育舍及网床全面消毒后再饲养下一批断奶仔猪。

第八章 生长肥育猪科学饲养目标管理技术

生长肥育猪是指体重在25～110千克或保育结束到上市屠宰前这一阶段的猪只。

养猪生产中肥育猪的饲养优劣,直接影响养猪生产的经济效益。因此,只有充分了解生长肥育猪的基本生理特性,采取最佳的投入和科学饲养管理方法,才能获取最好的经济效益。

一、生长肥育猪阶段划分

根据生长肥育猪的生理特性,将生长过程划分为3个阶段,便于进行科学的饲养管理。

体重25～35千克的保育期猪为第一阶段,体重35～60千克的生长猪为第二阶段,体重60～110千克的肥育期猪为第三阶段。

二、生长肥育猪的生产目标

(一)日增重目标

日增重是生长肥育猪饲养中最重要的生产性能指标,它直接影响到生产效益。日增重是以每头每天的增重数量计量,单位是克(或千克)。中小型猪场的生长肥育猪日增重目标是:

体重25～35千克阶段,日增重要达到470克以上。

体重35～60千克阶段,日增重要达到600克以上。

体重60～100千克阶段,日增重要达到750克以上。

(二)饲料效率目标

饲料效率也是生长肥育猪的重要生产性能指标。它与经济效益呈强正相关。饲料效率是指生长肥育猪在肥育期间饲料利用率

第八章 生长肥育猪科学饲养目标管理技术

的高低,其直接指标是料重比。料重比就是生长肥育猪在一定体重阶段,每增重1千克活猪毛重与所消耗的饲料重量比。

体重 25~35 千克阶段,料重比为 2.5∶1 以内。

体重 35~60 千克阶段,料重比为 3.0∶1 以内。

体重 60~110 千克阶段,料重比为 3.8∶1 以内。

(三)转群体重目标

育仔舍(培育舍)转群 25 千克以上。

育成舍转群 60 千克以上。

育肥舍转群 100 千克以上。

(四)育成率目标

育仔舍的育成率为 95%。

育成舍的育成率为 98%。

育肥舍的育成率为 99%。

(五)控制目标

兽药:日均存栏每月每头 0.5 元。

只有达到上述目标,才能获得较好的经济效益。为此,在饲养生长肥育猪阶段,所有的工作,都要围绕达标这个中心进行。

三、生长肥育猪体组织生长和沉积变化规律

在掌握生长肥育猪生理特性的基础上,还要了解生长肥育猪在生长过程中体组织的生长和沉积的变化规律。一方面可根据不同时期的生长肥育猪的肌肉、脂肪、皮和骨等组织的变化来确定相应的饲料营养,促进肥育猪快速育肥;另一方面可确定肥育猪的适宜屠宰日龄和体重。

(一)机体各组织成分的构成

生长肥育猪的肌肉组织,是由骨骼肌(常见的瘦肉、红色肉)、心肌(心脏)和平滑肌(各种肠壁)组成,其中骨骼肌占绝大多数。脂肪组织主要由大量的脂肪酸组成,从形态上又可分为板油、花油

(网油)和皮下脂肪。猪的骨骼是由无机盐聚集而成,含有大量的钙和磷。猪皮是由许多结缔组织和胶原蛋白组成。猪的骨骼和皮,在猪的机体组织中仅占很小一部分。

生长肥育猪的各种组织的比例关系受很多因素影响。不同品种、不同的饲养方法、不同环境、不同生长阶段,都会导致比例关系发生一定变化。

(二)组织生长和沉积的变化规律

生长肥育猪,在第一阶段以骨骼的生长占优势,其次是肌肉。脂肪的生长是最慢的;在第二阶段,肌肉的生长速度达到高峰,以后逐渐下降;在第三阶段,脂肪组织以较快的速度生长,占绝对优势,而骨骼和肌肉都处于下降趋势。具体讲,随着猪的生长,骨骼从生后2~3月龄开始,到体重30~40千克,是骨骼强烈生长期。体重60~70千克时,肌肉生长发育达最高峰。体重50~60千克时,是脂肪开始强烈沉积时期,到体重90~110千克时,是脂肪生长达到最高峰。生产实践中总结出的"小猪长骨、大猪长肉、肥猪长膘"的经验完全与这一生长发育规律相符(见图8-1)。

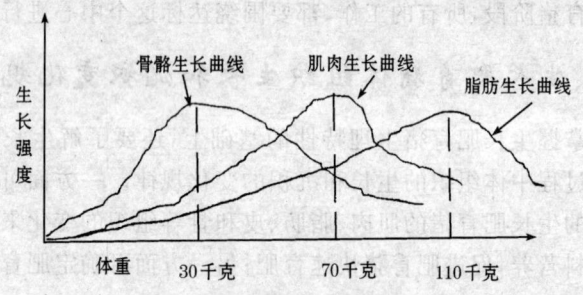

图8-1 育肥猪的生长发育规律

随着体重的增加,肥育猪体内的肌肉、脂肪和骨骼组织的比例也随之发生一定的变化。当皮、骨的比例逐渐下降时,正是肌肉比例以较大幅度上升的时候;而当脂肪组织以较大幅度上升时,则肌

第八章 生长肥育猪科学饲养目标管理技术

肉的比例呈下降趋势。

就我国目前三品种杂种瘦肉型商品猪的生产来说,要想获得一个肌肉、脂肪比例合适,经济效益比较高的商品猪,其适宜的上市屠宰体重应在100~120千克。但还要注意的是:不同的品种、不同的杂交组合,其适宜的屠宰体重也略有不同。

四、优质仔猪的选购和运输

大多数肥育猪场,特别是中小型肥育猪场和饲养商品猪专业户,不饲养种猪,全靠外购仔猪来育肥。为了实现"全购全壮"、"全进全出",必须选购批量的、整齐度高的、健康无病的三品种杂种仔猪。在科学选购仔猪方面,要做到"七要":

(一)要做好选购仔猪前的准备工作

1. **备好圈舍** 有的养猪者养猪心切,圈舍还没建好,就开始选购仔猪,边建边养;有的上批肥育猪还没有卖或者刚卖掉,不进行彻底清扫和消毒,就购进仔猪。这样,势必造成购入的仔猪发病率增加。因此,应准备好圈舍、清理消毒后再选购仔猪。

2. **备好资金和各种物资** 按购入数量准备好资金和饲养用具、工作服等。

3. **备好饲料** 选购饲料,要从正规有信誉的专业饲料厂家购入,尤其是预混料这样技术含量高、价格较高的饲料,必须选准厂家,确保饲料质量。按配方的要求,选购好玉米、麦麸、豆粕等饲料原料,做到质优价廉。要在进猪前3天配成全价料。饲料配方可请教有经验的同行或专家。备足饲料是养好生长肥育猪的基础。

4. **备好兽药和必要的器材** 养猪要以"防病"为主,治疗为辅。在购猪前要备好消毒药和常发病的治疗用药。如青霉素、链霉素、痢菌净、沙星类药物等,消毒用的高锰酸钾、火碱等。这项工作,易被中小型猪场所忽视。

(二)要关注疫情,到无疫区选购仔猪

也就是筛选防、检疫工作做得好的地方,作为购进商品仔猪基地。要注意以下3点。

一是购买仔猪前,要先到当地兽医主管部门,了解当地是否有猪病的疫情。

二是选购仔猪时,要了解选购仔猪的免疫情况,做到不漏免疫,也不能重复免疫。

三是选购仔猪后,要进行产地检疫、产地车辆消毒等。还要有当地政府主管部门开具的当地消毒和检疫证明,取得准许出境资格。

(三)精心筛选预购仔猪

1. 选择优良的杂种猪 要使商品肉猪长得快、耗料省和生产瘦肉多,就必须利用杂种猪育肥。在我国商品肉猪生产中,大多利用两品种和三品种杂种猪肥育。一般来说,三品种杂种肉猪比两品种杂种肉猪日增重可提高5%～17%,料重比可降低3.5%～15%,瘦肉率可提高3～7个百分点,经济效益可增加16%,应大力推广饲养三品种杂种肉猪。

2. 协议预购仔猪 对于没有饲养种猪、不能进行自繁、自养、自育的中小型猪场,要选购到优良的杂种猪,进行"全进全出"生产,必须按饲养计划到正规的种猪场和规模养猪户去预购仔猪,双方签订"预购仔猪协议书"。做到:品种、数量(体重大小、均匀的头数)、产地检疫、装车时间、出境手续"五准确"。

3. 挑选个体间大小比较均匀的健康的杂种仔猪肥育 挑选方法是:让仔猪随意在地上走动,仔细观察,做到"七看"。

一看精神状态。健康仔猪活泼好动,两眼有神,叫声清脆。被毛顺、有光泽,尾巴摆动不停。对声音的反应快。

二看品种特征和整体发育状况。二元杂交、三元杂交或多元杂交仔猪,有一定的杂交品种特征,做到选择标准一致,防止混入

不健康、已淘汰的纯种仔猪。

三看体况。健康仔猪体况良好，发育正常、被毛光亮、鼻端湿润。做到"两不选"：体况差、瘦弱的仔猪不选；体重明显比大群小的不选。确保整齐度高。

四看腹围。健康仔猪，腹围饱满而不胀。病猪往往肷吊或腹部胀满，不选。

五看四肢。健康仔猪行走时，四肢配合良好。有跛行、畸形的仔猪，不选；腿形内"八字"、外"八字"的仔猪不选；腿粗细不一致，关节肿大、蹄系不佳，不选。

六看粪便。健康仔猪，粪便颜色、性状正常。若粪便稀薄或干小，颜色不正常，视为健康状况不佳，不选。

七看发育均匀度。在选购仔猪时，为了做到买进的仔猪"同进同出"，便于饲养，尽量使一批购入的仔猪，做到日龄、体重相近、发育均匀整齐，对超大或过小的仔猪不选。确保选购的仔猪大小均匀、健康、优质。

(四) 要搞好运输

搞好运输，是提高已选购仔猪成活率的重要环节。按路途远近和已选购仔猪数量，合理选择运输工具。运输工具，经修检合格后要彻底清扫、消毒，再装猪。根据已选购仔猪数量、体重，将车厢里分成小格，上面罩上网，车厢底要铺上细沙或稻草等。冬季要备防寒苫布。要做到密度适宜、不滑、不压挤。如果是长途运输，还要备些青绿饲料，如白菜等，防止仔猪口渴。运输时，车辆速度不宜太快，一般要在60千米/小时。起车和刹车不能太急。各种出境手续要齐全。要开具产地检疫证明、车辆产地消毒证明，允许出境证明等(县级以上)。尽量避开村屯密集的道路，途中不在村屯停留，避免传染疾病。在运输中，每隔一、两小时，要停车检查猪只、车辆情况。发现问题及时解决。夏季，如果发现仔猪张口喘气时，要用冷水喷洒猪体(严禁喷洒头部)，用毛巾或用稻草把蘸冷水、擦刷猪体,解暑降温,防止患热射病而死亡。

(五)要落实入场后隔离饲养的各项措施,做好安全过渡工作

要了解已选购仔猪原先的饲养管理情况,搞好过渡、减少应激。包括饲养环境和圈舍条件,饲养管理程序,饲料营养、饲料的形状。

搞好仔猪购入后的隔离饲养工作,是培育健康猪群的重要手段。将购入的仔猪,隔离饲养2周。在此期间,要注射疫苗和驱虫。对新发病的猪要调圈单独饲养,隔离治疗。

经过2周的观察、免疫、驱虫。确实健康无病,再合理组群,科学饲养。

五、生长肥育猪的科学饲养管理技术

(一)生长肥育猪第一、第二阶段的饲养管理技术

根据这一阶段肥育猪的生理特点,要重点保证青年猪(中猪)的正常生长发育,体质健壮。为此,要给猪提供营养丰富、易消化的饲料,还要有合理的科学的饲养管理程序。

1. 猪群的合理组合及饲养密度确定

(1)猪群的组合

①猪群的组合原则　要按仔猪体重大小、体质强弱,合理组群。以保证猪的生长发育均匀。

②猪群的组合大小　猪群组合数量多少,会直接影响猪群次序的建立。数量过多,猪群次序(猪群次序是指猪吃食和躺卧顺序等)不易建立。数量过少,则会失去组合的意义。一般以每群10～20头猪为宜。但还要从实际情况出发,视圈舍的大小而因地制宜。

③猪群的组合方法　不同窝的仔猪合并时,最常见的方法是采取"留弱不留强"、"拆多不拆少"、"夜并昼不并"等方法,就是把较弱的小猪留在原圈不动,把体质较好的仔猪并入他群;把数量小

第八章 生长肥育猪科学饲养目标管理技术

的群留在原圈不动,把数量多的群并入他群;合并工作最好在夜间进行。可预先在需要合群的猪身上喷洒来苏儿液,使小猪彼此不易分辨,减少小猪争斗。当发现小猪大小不均,体格强弱不等时,应把较小的、较弱的猪组成一群,单独饲养和看护。并要加强并群后头 2 天的管理。

④组群后的调教 小猪在新编组或调入新圈时,要及时调教使其养成在固定位置排便、睡觉、吃食、饮水的习惯。这样可以减少劳动强度,保持圈舍卫生。调教要根据小猪的生活习性进行。猪喜卧睡在高处、木板、垫草上。热天喜睡在风凉处,冷天喜卧在温暖处。猪的排便也有一定规律,一般多在门口、低处、湿处、圈角排便;喜在喂食前,或睡觉刚起来时排便;在进入新的圈舍或受惊吓时排便较勤。要根据这一习性,合理调教。当猪群进入新的圈舍时,立即开始调教。重点抓好两项工作:一是要养成分开排列,同时上槽的习惯。在新组合猪群或调入新圈时,预先要备有足够的饲槽长度。对霸槽猪要勤赶;使不敢接近饲槽的猪能得到采食的槽位。经过一段时间的看管后,就形成了分开排列,同时上槽采食的习惯。二是要养成采食、卧睡、排便"三点定位"的好习惯。小猪入栏前,事先把猪圈、猪栏打扫、水洗、消毒干净后,将睡卧处铺上垫草、饲槽内投入饲料,水槽内装上水;在指定排便处(门口)堆放少量猪粪,泼点水,然后把小猪赶进栏内,进行监督管理。对个别猪不到指定地点排便时,要及时驱赶,并把粪便及时清除,放到指定地点。经过 3～5 天守候看管,就会养成"三点定位"习惯。

(2)圈养密度的确定 是用每头猪所占面积的多少来确定。圈养密度过高时,圈内局部气温升高,致使猪的食欲减退,采食量减少,可出现亚临床性疾病,猪间冲突增加,群居环境不佳。圈养密度过低时,又会浪费圈舍有效面积,降低经济效益。生产实践证实,非漏缝地板,保育期猪每头占猪栏面积 0.56 平方米,生长猪每头占猪栏面积 0.74 平方米,肥育猪(60～110 千克)每头占猪栏面积1.0~1.1平方米,最为合适。

在舍内环境清洁、通风换气良好的养猪场,猪群的密度可较高一点,生长肥育猪占猪栏面积,详见表8-1。

表8-1 生长肥育猪所占猪栏面积

猪 别	体重(千克)	每头猪所占面积(平方米)		每栏头数(8~9平方米)
		非漏缝地板	漏缝地板	
保育期猪	25~35	0.56	0.28	16~20
生长猪	35~60	0.74	0.38	12~20
肥育猪	60~110	1.0~1.1	0.9~1.0	8~10

每栏饲养的头数,还要根据季节的不同而有所变化。如冬季可适当密些,夏季可适当地减少一些。

2. 饲料配方的选择

(1)选择饲料配方的原则 在选择饲料配方时,要注意一下原则:

①饲料配方要满足生长肥育猪的营养需要 猪不同的生长发育阶段营养需要是不同的。见表8-2。

表8-2 生长肥育猪每日每头营养需要量

项 目	体 重 (千克)		
	25~35	35~60	60~110
预期日增重(克)	500	600	750
采食风干料量(千克)	1.60	1.81	2.87
消化能(兆焦)	20.77	23.49	36.05
粗蛋白质(克)	256	290	402
赖氨酸(克)	12.00	13.60	18.08
蛋氨酸+胱氨酸(克)	6.10	6.90	9.20

第八章　生长肥育猪科学饲养目标管理技术

续表 8-2

项　目	体　重　（千克）		
	25～35	35～60	60～110
苏氨酸（克）	7.20	8.20	10.90
异亮氨酸（克）	6.60	7.40	9.80
钙（克）	9.60	10.90	14.40
磷（克）	8.00	9.10	11.50
食盐（克）	3.70	4.20	7.20
铁（毫克）	96.00	107.00	144.00
锌（毫克）	176.00	199.00	258.00
铜（毫克）	7.00	7.90	10.80
锰（毫克）	3.50	3.90	2.20
碘（毫克）	0.22	0.25	0.40
硒（毫克）	0.42	0.47	0.80
维生素 A（单位）	1970	2230	3520
维生素 D（单位）	302	342	339
维生素 E（单位）	16.0	18.0	29.0
维生素 K（毫克）	3.20	3.60	5.70
维生素 B_1（毫克）	1.60	1.80	2.90
维生素 B_2（毫克）	4.00	4.50	6.00
烟酸（毫克）	20.80	23.50	25.80
泛酸（毫克）	16.00	18.00	28.70
维生素 B_{12}（微克）	16.00	18.00	29.00
叶酸（毫克）	0.91	1.03	1.60

②根据当地饲料资源进行选择　没有充足的饲料来源，饲料配方就没有使用价值，就成一纸空文，就很难保证饲料配方能够长

期使用下去。因此,在实际生产中,要重点考虑当地的饲料资源,尤其是饲料的品种、供应数量及供应期的长短等问题。做到就地取材,以确保生长肥育猪在生长过程中的饲料供给的稳定性。

饲料配制过程中,如果出现某种主要饲料短缺,最好能有一种相应的"替补料"加以替代。比如,当配合料中的豆饼紧缺时,可用一定数量的花生饼或其他饼类替代。

③配合饲料的成本要低 饲料占养猪成本的 $70\% \sim 80\%$。降低饲料成本是提高养猪生产效益的关键性措施。目前,在养猪行业微利的情况下,要求得生存与发展,必须选择最经济的饲料供给方式,最大限度地降低饲料成本。因此,在选择饲料配方时,首先要考虑当地的饲料资源。要在不影响生长肥育猪正常生长发育的前提下,选择饲料价格便宜的饲料进行配制。当饲料中鱼粉的价格较高时,可用一定数量的豆饼(或豆粕)替代。但要注意不能使用劣质饲料而影响肥育猪的生长发育性能。

(2)饲料的配制 饲料配制的具体操作方法是:先将各种饲料按照配方规定的比例准备好。把那些用量较少的料(各种添加剂、微量元素),先初步混合(矿物质添加剂,要将其磨成粉状后再混合),待其中各种成分混合均匀以后,再与比例大的饲料充分混合。直到将各种成分充分地混合均匀为止,否则会产生中毒等严重后果。如果大量调配时,可借助饲料搅拌机械,达到混合均匀的目的。

饲养量较少的农户,一次不可调配过多的饲料,够当天用就可以了。因为不同料混合在一起,堆放时间过长,其营养成分有时会产生一些不良的反应,不但影响了饲料营养价值的全面性和饲料的适口性,也给贮存带来很大的困难。

青饲料与多汁饲料,也不能与配合饲料堆放在一起。

(3)肥育猪饲料配方实例(推荐) 见表8-3、表8-4、表8-5、表8-6。

第八章 生长肥育猪科学饲养目标管理技术

表8-3 生长肥育猪饲料配方(一)

编号	(1)			(2)			(3)		
体重阶段(千克)	25～35	35～60	60～90	25～35	35～60	60～90	25～35	35～60	60～90
玉 米	48.0	45.0	60.6	57.0	41.9	8.0	39.8	53.0	10.0
大 麦					7.6	22.5	7.6		31.5
碎 米	10.0								
次面粉					26.6	40.0	26.6		
米 糠	10.0		18.0	10.0		15.0		10.0	20.0
麸 皮	10.0	35.0	10.0	10.0				15.0	30.0
苜蓿粉							2.0		
黄 豆		6.6			4.8(蚕豆)		4.8(蚕豆)		
豆 饼	10.0	8.0(菜籽饼)	10.0	10.0	7.3	8.0(花生饼)	5.0	9.0	4.5(花生饼)
酱油渣				4.0			8.0(菜饼)	4.0	
鱼 粉	8.0	4.0		7.0	9.6	5.0	6.0	6.0	2.5
青 料	2.5								
石 粉		1.0			1.5(骨粉)	1.0	1.5(骨粉)		1.0
碳酸钙	0.5		0.8	1.5(活性炭)				0.7	
磷酸钙	0.5			0.5(添加剂)	0.5(微添)		0.5(微添)	0.3	
食 盐	0.5	0.4	0.4	0.3(添)*	0.2	0.5	0.2	0.3(添)*	0.5
维生素添加剂			0.2						

续表8-3

编号		(1)			(2)			(3)		
体重阶段(千克)		25~35	35~60	60~90	25~35	35~60	60~90	25~35	35~60	60~90
饲料营养价值	消化能(兆焦/千克)	13.10	12.18	13.86	12.81	12.56	12.60	13.48	12.81	11.89
	粗蛋白质(%)	16.1	15.9	14.7	15.8	15.9	13.7	16.0	15.5	13.0
	粗纤维(%)	3.4	5.5	4.3	3.5	2.4	7.0	3.1	4.3	7.0
	赖氨酸(%)	0.80	0.85	0.53	0.75	0.85	0.70	0.77	0.70	1.43
	蛋氨酸(%)	0.30	0.36	0.26	0.29	0.24	0.49	0.24	0.30	0.41
	胱氨酸(%)	0.18	0.19	0.16	0.17	0.26	0.20	0.26	0.17	0.30
	钙(%)	0.80	0.63	0.67	0.40	1.36	0.68	1.26	0.72	0.58
	磷(%)	0.67	0.64	0.48	0.60	0.98	0.81	1.12	0.70	0.66

注：*为另外添加。(微添)为微量元素添加剂

表8-4 生长肥育猪饲料配方(二)

编号		(4)			(5)			(6)		
体重阶段(千克)		25~35	35~60	60~90	25~35	35~60	60~90	25~35	35~60	60~90
饲料配方组成(%)	玉米	48.6	60.5	65.0	47.6	68.0	50.4	50.0	50.6	10.0
	大麦			15.0						5.0 (草粉)
	稻谷粉			3.0			15.0			10.0
	碎米									24.0
	麸皮	15.0	17.0	5.0	15.0	12.5	18.0	15.0	15.0	20.0
	米糠	15.0			15.0			16.0	16.0	
	豆饼	15.0		10.0	16.0	10.0	15.0	14.0	13.0	10.0
	蚕豆		15.0 (蚕豆)							

续表 8-4

	编号	(4)			(5)			(6)		
	体重阶段(千克)	25～35	35～60	60～90	25～35	35～60	60～90	25～35	35～60	60～90
饲料配方组成(%)	棉籽饼					8.0(葵花饼)				
	米糠饼									20.0
	酵母粉	5.0	5.0(蚕蛹粉)		5.0			4.0	4.0	
	骨 粉			1.0			0.4			
	贝壳粉						0.9			
	碳酸钙	0.8	1.0		0.8	1.0		0.8	0.8	
	添加剂	0.2		0.5(微)*	0.2			0.2	0.2	1.0(微)*
	食 盐	0.4	0.5	0.5	0.4	0.5	0.3	0.4		0.3(添加)
	磷酸氢钙		1.0							
饲料营养价值	消化能(兆焦/千克)	12.93	12.77	13.19	12.93	12.97	12.98	13.02	12.93	11.68
	粗蛋白质(%)	16.1	14.0	12.2	16.4	13.2	14.1	15.5	15.1	14.4
	粗纤维(%)	4.5	3.7	3.6	4.5	4.0	3.7	4.5	4.5	7.1
	赖氨酸(%)	0.75	0.72	0.52	0.77	0.68	0.65	0.79	0.69	0.59
	蛋氨酸(%)	0.32	0.21	+0.55	0.32	0.15	+0.56	0.31	0.31	0.25
	胱氨酸(%)	0.27	0.22		0.27	0.19		0.25	0.24	0.21
	钙(%)	0.59	0.72	0.45	0.50	0.41	0.50	0.45	0.56	0.73
	磷(%)	0.56	0.64	0.43	0.56	0.32	0.41	0.45	0.55	0.70

注：* 即微量元素

表 8-5 生长肥育猪饲料配方(三)

编号		(7)			(8)			(9)	
体重阶段(千克)		25～35	35～60	60～90	25～35	35～60	60～90	25～35	35～60	60～90
饲料配方组成(%)	玉米	35.5	14.0	10.0	51.9	3.0	52.0	27.3	28.1	55.6
	大麦	24.0	20.0	25.0	19.5	10.0		28.2		
	稻谷			10.0						
	次面粉	6.0		10.0				19.7	33.0	
					(甘薯粉)					
	米糠		15.0			30.0	26.0			23.0
	麸皮	5.0	24.0	30.0			10.0		20.0	10.0
	干草粉									
	蚕豆	9.0								
	黄豆								12.0	
	豆饼	14.0		4.0	20.3	3.0	10.0	17.5		6.0
	菜籽饼		9.0	6.0		12.0			5.0	
					(棉仁饼)					
	米糠饼		15.0	4.0		36.0				
	鱼粉	5.0	2.0		6.8	4.0		5.8	1.0	4.0
										(酵母)
	骨粉	0.5	1.0		0.5	2.0		0.5		
	贝壳粉	0.5		1.0	0.5		0.2	0.5	0.5	0.2
							(添)*			(添)*
	盐	0.5			0.5		0.4	0.5		0.4
	碳酸钙						0.8		0.4	0.8

续表 8-5

编号	(7)			(8)			(9)		
体重阶段(千克)	25～35	35～60	60～90	25～35	35～60	60～90	25～35	35～60	60～90
饲料营养价值 消化能(兆焦/千克)	13.10	12.43	12.26	13.40	11.76	13.35	12.73	12.98	12.89
粗蛋白质(%)	18.0	15.3	13.9	18.0	15.5	13.4	18.0	16.2	13.3
粗纤维(%)	4.2	8.0	5.8	3.2	5.9	4.9	3.0	3.9	6.9
赖氨酸(%)	0.90	0.69	0.38	1.02	0.86	0.56	0.96	0.74	0.51
蛋氨酸(%)	0.23	0.39	0.26	0.23	0.26	0.37	0.23	0.27	0.39
胱氨酸(%)	0.26	0.21	0.18	0.21	0.20	0.16	0.24	0.24	0.14
钙(%)	0.63	0.59	0.60	0.70	1.28	0.42	0.71	0.72	0.84
磷(%)	0.55	0.68	0.62	0.58	0.90	0.71	0.62	0.61	0.73

注：*即微生素添加剂

表 8-6　生长肥育猪饲料配方(四)

编号	(10)			(11)			(12)		
体重阶段(千克)	25～35	35～60	60～90	25～35	35～60	60～90	25～35	35～60	60～90
饲料配方组成(%) 玉米	20.0	40.0	50.0	27.0	31.5	50.0	38.0	28.0	29.5
大麦			7.6	33.0	28.5		30.0(小麦)	26.0	20.0
稻谷粉	28.0		10.0			18.0			
次面粉		24.0			20.0				
麸皮	30.0				10.0		17.0	20.0	30.0
混合糠			30.0(米糠)	4.0		26.0(米糠)		4.5	3.0
蚕豆		4.8	5.0	6.0		1.0		4.0	4.0
豆饼		4.0		13.0	13.5			12.0	10.0

续表 8-6

	编 号	(10)			(11)			(12)		
	体重阶段（千克）	25～35	35～60	60～90	25～35	35～60	60～90	25～35	35～60	60～90
饲料配方组成（%）	花生饼	15.0						7.0		
	菜籽饼		13.0							
	鱼 粉	5.0	4.0	2.0	6.0	4.5	1.5	8.0	4.0	2.0
	蚕蛹粉			1.0			1.5			
	骨 粉	1.5	1.7	1.5		0.5	1.5			
	蛋壳粉				1.0	0.4			1.0	1.0
	盐	0.5	0.2	0.5	0.5	0.5	0.3（添加）	0.5	0.5	
	微量元素添加剂		0.7							
饲料营养价值	消化能（兆焦/千克）	12.52	13.77	12.56	12.60	12.72	12.39	13.23	12.18	12.26
	粗蛋白质(%)	17.6	15.9	13.0	17.7	16.0	12.0	16.9	16.2	14.5
	粗纤维(%)	6.2	3.6	7.2	5.7	3.3	7.2	4.4	4.7	6.5
	赖氨酸(%)	0.67	0.73	0.84	0.84	0.82	0.58	0.80	0.83	0.60
	蛋氨酸(%)	0.28	0.24	+0.46	0.32	0.27	+0.41	0.30	0.32	0.30
	胱氨酸(%)	0.25	0.26		0.17	0.28		0.20	0.19	0.19
	钙(%)	0.76	1.04	0.22*	0.72	0.61	0.20*	0.80	0.59	0.48
	磷(%)	0.81	0.93	0.77	0.52	0.59	0.70	0.80	0.54	0.52

注：*需添加碳酸钙

3. 生长肥育猪的饲养方式 生长肥育猪的营养需要，既包括维持需要，又包括生产需要。维持需要是生长肥育猪在体重不增不减，没有任何生产活动情况下，保持身体功能所需要的营养物质。如维持体温、维持生命的能量、修补组织细胞等所需要的营养物质。生长需要是指骨骼、肌肉、内脏以及其他部分增长所需要的营养物质。生长快慢，主要受饲料营养成分和身体健康因素的影

第八章 生长肥育猪科学饲养目标管理技术

响。生长肥育猪,快速生长才是真正的商品肉猪生产。因此,能采用一个好的饲养方式,缩短饲养周期、减少维持营养的消耗是至关重要的。目前,肥育猪饲养方法大致可分为两种:一种是传统的"吊架子"饲喂法,另一种是快速饲喂法。

(1)"吊架子"饲喂法 "吊架子"饲喂法不适用于规模养猪生产的"全进全出"。

(2)快速饲养法 近年来,肉类生产的趋势是采用强制生长、快速增重、幼龄上市技术。因为幼龄期的增重较老龄家畜更为经济,用于维持饲料少,经济效益好。因此,就要按照猪的生长发育规律进行一条龙饲养,叫快速饲养法,或叫直线饲喂法,适合规模养猪的"全进全出"生产。这种方法的主要特点就是没有"吊架子"期。在整个育肥期中,没有明显的阶段性。从小猪到商品猪的整个生产期内,饲料供应是按照猪的各阶段生理特点和营养需要量来调配的。随着生长的进行,饲料中的能量水平逐渐上升;蛋白质水平前高后低,小猪阶段其含量可达18%以上,而在育肥后期其含量仅为14%或者更少些。在生长肥育猪的生长过程中,并不因为增加精料而放弃青粗饲料的饲喂。这样,也可调节日粮的适口性增加生长肥育猪的采食量。

这种方法的好处在于使生长肥育猪充分发挥潜在的生长性能,在较短的时间里,产生较多的猪肉。同时,由于商品肥育猪上市时间缩短,可使猪场一些设备使用率提高,使养猪生产在较短的时间内收回投资,取得较好的经济效益。

4. 肥育猪快速饲养程序及注意问题 要想在短的时间内,用较少的全价配合饲料获得较快的增重,除了要选好优良的三品种杂交仔猪和促进生长的饲料添加剂外,还要有科学的"快速饲养法"。其"快速饲养法"操作程序是:

(1)驱虫、灭虱 猪体内的寄生虫,以蛔虫感染最为普遍,主要危害3~6月龄小猪,病猪多无明显的临床症状,但生长发育慢、消瘦、被毛无光泽,严重时增重速度可降低30%以上,有的可成为僵猪。因此,在育肥前对幼猪普遍进行1次体内驱虫、体外灭虱、灭疥癣。驱除体内寄生虫可使用左旋咪唑、驱虫净;驱体外寄生虫可使用2%敌百虫溶液等药物。服用驱虫药后,要注意观察,若出现副作用,应及时解救。驱虫后排出的成虫、虫卵和粪便应及时清除发酵处理,以防再度感染。

(2)健胃 进猪后3~5天,要对幼猪普遍投给健胃剂,可用人工盐拌入饲料中饲喂。其用法用量,详见使用说明书。

(3)去势与防疫 仔猪买回来后,待仔猪适应了新的饲养环境、猪群稳定后,再行去势,要尽早去势。猪体重越小,去势对猪的影响越小。去势前停食一顿,防止造成损失。在自繁自养自育的猪场,仔猪去势可在20日龄进行,这时仔猪体重小,易保定,操作方便,创口小,易愈合。还要按照免疫程序定期进行疫病预防工作。注意疫情监测,及时发现病情。

(4)喂生料,干湿喂 生料由于未经加热、营养成分没有遭到破坏,因而用生料喂猪比用熟料喂猪效果好,可节省煮熟饲料的燃料,减少饲养设备,节约劳动力,提高增重率,节约饲料。饲料生喂法有干喂、稀喂和干湿喂几种方法,不同喂法对猪的消化吸收有不同的效果。干喂的特点是省工,容易掌握喂量,促进唾液分泌;缺点是损失饲料较多。稀喂有利于采食,饲料损失少;缺点是容易使猪形成水饱,影响消化吸收,饲料的利用率不高,不利于猪的生长。干湿喂法介于干喂和稀喂两者之间,猪进食的饲料比较多,胃液能很好地与饲料发生作用,消化吸收好,饲料利用率高、猪生长就快。干湿料,一般1千克生料加1升水(即料:水=1:1),现喂现拌。

(5)前自由采食,后限制饲喂 这是根据生长肥育猪的生长发育规律制定的一种科学的饲喂方法。肥育前期(从断奶到体重60千克期)自由采食时,能充分发挥生长潜力,使猪得到充分的生长发育;肥育后期(体重60千克以后期)进行限制饲喂又能控制脂肪

第八章 生长肥育猪科学饲养目标管理技术

大量沉积。此法不但能保证生长肥育猪的生长速度,而且又能提高胴体瘦肉率,可达到增重速度快,缩短饲养期、肉猪等级高、出栏率高、经济效益好的目的。

生长肥育猪日采食量计算可用一个系数来表达:

$$日采食量 = 0.04W$$

式中:0.04 为采食系数,W 为猪的体重。一般前期长肉后期长膘。因此上式中的系数在 50 千克以前改为 0.045,80 千克后改为 0.039,比较合适。详见表 8-7。

表 8-7 不同体重的肉猪日采食量表

体重(千克)	25	30	35	40	50	60	70	80	90
预期日增重(克)	450	500	550	600	650	700	700	700	700
饲喂风干饲料量(千克)	1.18	1.41	1.61	1.80	2.20	2.60	2.80	3.04	3.24
占体重比例(%)	4.8	4.7	4.6	4.5	4.4	4.3	4.0	3.8	3.6

我国大型规模化猪场,多采用干粉料自由采食方式饲养;中、小型猪场或养猪专业户,多采用潮拌料生喂。日喂 2~3 次。

(6)适宜的舍内温度 猪舍的环境温度,会影响肉猪的增重速度、饲料转化率和胴体品质。体重在 25~45 千克的肉猪、适宜的舍温为 21℃;体重在 60~100 千克的肉猪,适宜的舍温为 18℃;体重在 135~160 千克的肉猪,适宜的舍温为 16℃。如果气温上升到 25℃~30℃时,肉猪的采食量分别减少 10% 和 30%,此时应采取降温措施,打开纵向排风系统、喷洒凉水或加喂青绿多汁饲料,或搭凉棚、淋浴等。当舍内温度低于最适宜温度时,肉猪采食量增加,日增重下降。据报道:75 千克肉猪最适宜舍温为 18℃~20℃,当舍温降到 10℃时,采食量增加 10%;降到 5℃ 或 0℃ 时,采食量分别增加 20% 和 35%,日增重从 800 克减到 540 克和 530 克。因此舍温低于适宜温度时,就要及时采取有效措施保温。北方地区,在寒冷季节里,应将猪舍的门窗封严、减少寒风入侵,适当地增厚垫草。开放式猪舍,要添加塑料暖棚,使猪舍温度保持在 11℃～18℃。环境温度也影响生长肥育猪的饲料转化率,对肉猪胴体品质也有影响。以舍温 18℃ 的瘦肉率最高,胴体的品质最好。温度过低,则胴体较肥;温度过高,则胴体较瘦。

(7)合理的通风换气 猪舍内的通风主要与风速和通风量有关。适宜的气流速度夏季为 0.6 米/秒以下,其他季节为 0.1～0.2 米/秒。每头肉猪每小时换气量冬季为 35 立方米,春、秋季为 45 立方米,夏季为 60～65 立方米。肥育猪舍一年四季都必须通风换气,但在冬季要处理好通风与保暖的矛盾,必须在确保适宜的舍温的前提下,进行适宜的通风换气。必要时采用供暖设备加以解决。

(8)最佳时期(体重)屠宰 瘦肉型猪,饲养期不能过长。否则日增重降低,每增重 1 千克消耗饲料增多,胴体瘦肉率降低,脂肪比例增高,经济效益下降。根据科学试验和生产推广应用的总结,江苏、上海地区,地方猪种(太湖猪、姜曲海猪和淮猪)和培育猪种(新淮猪、上海白猪)为母本,引入的国外肉用型猪种为父本的两品种杂种肉猪、适宜屠宰体重为 80～90 千克。以地方猪种为母本,2 个引入的国外肉用型猪种为父本的三品种杂种肉猪,适宜屠宰体重为 90～100 千克。以培育猪种为母本,2 个引入的国外肉用型猪种为父本的三品种杂种肉猪,适宜屠宰体重为 110～120 千克。据沈阳农业大学试验,肉猪不同阶段的日增重、采食量和料肉比,见表 8-8。

表 8-8 肉猪不同阶段日增重和料肉比

体重(千克)	日增重(克)	日采食量(千克)	料肉比
25～95	600	2.15	3.58∶1
95～110	862	2.83	3.28∶1

第八章 生长肥育猪科学饲养目标管理技术

续表 8-8

体重(千克)	日增重(克)	日采食量(千克)	料肉比
110～125	777	3.43	4.41∶1
125～140	747	3.89	5.20∶1

从表 8-8 中可以看出，开始日增重随体重增长而提高，但体重达到 110～125 千克以后，日采食量继续增加，而日增重逐渐下降，每千克增重耗料显著增加，由此可见体重越大，养猪越不经济。所以肥育猪不宜饲养太大。归纳多数试验结果，认为瘦肉型三品种杂种猪出栏活重以 100～120 千克屠宰为宜。一些早熟品种的肉猪的出栏活重可适当提前，地方猪种中较早熟体型矮小的猪及其杂种肉猪出栏活重以 70 千克左右为宜；体型中等的地方猪种及其杂种猪出栏活重以 90 千克左右为宜。个别体型大的杂种肉猪出栏活重可延至 120 千克屠宰。活重超过 125 千克出栏是不合算的。

5. 饲养效果检查指标 及时检查养猪生产过程中各种方法和措施的实际效果，可以启发养猪者，避免生产中的盲目性。目前，用于检查生长肥育猪生产情况的指标一般有两个：一个是日增重，另一个是料肉比(饲料利用率)。

日增重是指生长肥育猪每日所增加的重量。在实际工作中，通常使用平均日增重，即一定时期内增加的体重除以天数，对检测养猪生产过程中所采取的各种措施和方法的效果，是一个很科学、适用的好的指标。

平均日增重受许多因素的影响。杜洛克、汉普夏、长白猪等国外优良瘦肉型品种平均日增重都大于我国地方品种。饲料品质、饲养管理技术、产仔初生重等，对该指标都有一定影响。

料肉比是指某一时期内生长肥育猪增重与所消耗的饲料量的比值。它是评价某一时期养猪生产技术效果的另一重要指标。目

前,我国一般商品猪的料肉比为 3～5∶1。其计算公式为:

$$料肉比(饲料转化率) = \frac{某一时期所消耗的饲料量(千克)}{同一时期内体重的增加量(千克)}$$

由于这一指标是由营养学家提出的,是为检测营养物质的利用程度而设置的。它只说明消耗饲料的多少,而不涉及饲料成本的高低。在大力发展商品生产的今天,这个指标无疑是有缺陷的。因此,在生产实践中,对上式又作了小的修正,即用"料肉投入产出比"来反映生产一定体重的生产肥育猪所要花费的饲料成本的多少。其计算公式是:

$$料肉投入产出比 = \frac{某一时期所消耗的饲料量 \times 饲料单价}{同一时期体重的增加量}$$

从这一指标中可以了解到猪肉产品与饲料成本之间的关系。比值越小,饲料费用越少,就可获得较高的经济效益;该比值越大,饲料费用就越高,经济效益就越差。

(二)生长肥育猪第三阶段的饲养管理技术

第三阶段应充分利用较强的生长性能和良好的适应性,在不影响商品猪生长的前提下,尽量降低饲养成本,及早地完成商品猪的肥育工作。

1. 饲料配方的变更 改变饲料配方的理由是:因 60 千克以上的肥育猪主要是脂肪沉积,其营养需要的能量发生了变化,对各种饲料的适应性有所提高。所以,需要及时调整日粮营养成分含量,降低蛋白质水平,提高能量含量,充分满足肥育猪在第三阶段快速生长的营养需要。选择一些来源广、价廉的饲料,降低饲料成本。

第三阶段的饲料配方应灵活遵循营养需要量合理调配并根据当地的饲料资源选择饲料原料。避免饲喂单一饲料,更要避免频繁地更换饲料。

60～100 千克体重生长肥育猪饲料配方(推荐)见表 8-9 至表 8-11。

第八章 生长肥育猪科学饲养目标管理技术

表 8-9　60～100 千克体重生长肥育猪饲料配方之一

饲料配比	（%）	营养价值	
玉　米	79.2	消化能（兆焦/千克）	13.41
豆　饼	4.0	粗蛋白质（%）	11.88
麦　麸	12.0	钙（%）	0.66
鱼　粉	3.0	磷（%）	0.60
磷酸氢钙	1.5	赖氨酸（%）	0.60
食　盐	0.3	蛋氨酸＋胱氨酸（%）	0.52
合　计	100.0	苏氨酸（%）	0.46
		异亮氨酸（%）	0.41

注：另加维生素和矿物质微量元素。北京市农林科学院畜牧所提供

表 8-9 配方饲喂长白×北京黑猪杂交一代，日增重 709 克，适用于北京地区，低蛋白质水平日粮配方。

表 8-10　60～100 千克体重生长肥育猪饲料配方之二

饲料组成（%）	配方号				
	（2）	（3）	（4）	（5）	（6）
玉　米	65.05	50.4	66.4	59.0	42.0
豆　饼	10.00	15.0	17.0	20.0	4.0
麦　麸	5.00	18.0	5.0	15.0	11.0
大　麦	15.00				37.5
鱼　粉					4.0
草　粉	3.00		4.0		
稻　谷		15.0			
高　粱			10.0		
花生饼					
贝壳粉		0.9	1.2	1.5	石粉 1.0
骨　粉	1.20	0.4			
食　盐	0.40	0.3	0.4	0.4	0.5

续表 8-10

饲料组成(%)		配方号				
		(2)	(3)	(4)	(5)	(6)
蛋氨酸		0.10				
赖氨酸						
维生素+微量元素		0.25			0.1	
营养价值	消化能(兆焦/千克)	12.93	13.17	13.57	12.80	12.76
	粗蛋白质(%)	11.75	14.10	13.40	15.70	12.88
	钙(%)	0.45	0.50	0.49	0.67	0.619
	磷(%)	0.50	0.41	0.36	0.44	0.426
	赖氨酸(%)	0.61	0.65	0.65	0.77	0.59
	蛋氨酸+胱氨酸(%)	0.51	0.56	0.55	0.62	0.428
	苏氨酸(%)	0.46	0.54	0.54	0.61	0.404
	异亮氨酸(%)	0.44	0.53	0.54	0.62	

表 8-10 配方(2)饲喂大白×长白×北京黑猪,日增重 709 克,这是低蛋白质的日粮配方,适用于华北地区,蛋白质饲料不足的地方。由中国农业科学院畜牧所提供。

配方(3)饲喂杜洛克、长白杂交猪,日增重 623 克,适用于华南地区。需另外加多种维生素和微量元素。由华南农业大学提供。

配方(4)饲喂杜洛克×哈白猪杂交猪,日增重 704 克,适用东北地区,无鱼粉的典型肉猪日粮。可外加 1%～2%多种维生素和微量元素添加剂。由东北农业大学提供。

配方(5)饲喂瘦肉型三江白猪,日增重 805 克,适用于蛋白质丰富的地区,适用于黑龙江省、吉林省。由黑龙江红兴隆科研所提供。

配方(6)饲喂杜洛克×上海白猪的杂交猪,日增重696克,可作为城市规模养猪场的饲料配方。同时,需另加多种维生素与微量元素。由上海市畜牧研究所提供。

表8-11 生长肥育猪饲料配方之三

饲料比例(%)	配方号				
	(7)	(8)	(9)	(10)	(11)
玉 米	67.0	38.0	42.0	24.0	
大 麦		31.0	碎米27.0	小麦5.0	30.0
麦 麸	22.0	11.0	15.0	9.0	15.0
稻 谷		小麦7.5		3.0	碎米10.0
木薯粉			7.0	24.0	米糠18.0
豆 饼	3.0	3.0		三七统糠10.0	
豆 粕				蚕豆粉10.0	
葵花籽饼	5.0				
花生饼			2.5	10.0	米糠饼20.0
棉籽饼		5.0			
菜籽饼					5.0
鱼 粉		3.0	4.0	3.0	1.0
骨 粉	1.0				
贝壳粉	1.0				
石 粉		1.0		1.5	
蛋壳粉			2.0		
碳酸钙	添加剂0.5				1.0
食 盐	0.5	0.5	0.5	0.5	另加0.3

续表 8-11

	饲料比例(%)	配方号				
		(7)	(8)	(9)	(10)	(11)
营养成分	消化能(兆焦/千克)	13.96	12.72	13.10	12.01	9.65
	粗蛋白质(%)	12.00	13.30	10.00	14.00	13.20
	粗纤维(%)	4.30	5.10	5.10	6.30	6.20
	钙(%)	0.94	0.50	1.21	0.78	0.48
	磷(%)	0.49	0.41	0.41	0.30	0.31
	赖氨酸(%)	0.42	0.57	0.40	0.60	0.55
	蛋氨酸(%)	0.26	(蛋+胱)	0.20	(蛋+胱)	0.36
	胱氨酸(%)	0.16	0.65	0.12	0.52	0.24

配方(8)饲喂杜洛克×上海白猪杂种猪,日增重 629 克。配方(9)饲喂杂种猪,日增重 788 克。配方(10)饲喂大白×广东地方猪,日增重 690 克。

第三阶段肥育期猪的科学饲养方法:体重在 60 千克以上的肥育猪,可采用限量、分顿饲喂方式,早、中、晚各喂 1 次。要供给充足、清洁的饮水。这一阶段的饲喂,要注意以下 3 个问题。

(1)饲喂潮拌料　目前,我国生猪生产中,使用最多的是潮拌料饲喂。潮拌料就是料∶水=1∶1~1.2,将料拌湿,用手紧握有滴水为宜。

(2)要有充足的喂料槽位　在采用限量群饲时,为使每头肥育猪在饲喂时,都能同步上槽吃料,提高猪群整齐度,必须有充足的饲槽长度做保证。每头猪喂饲时所需的槽的长度(大约等于其肩宽)。详见表 8-12。

第八章 生长肥育猪科学饲养目标管理技术

表 8-12 每头猪需料槽长度

活重 (千克)	肩宽 (厘米)	每头猪所需饲槽长度(厘米/头)	
		限饲时	不限饲时(每4头1个槽位)
20	17.4	18	4.4
30	20.0	21	5.0
40	22.0	23	5.5
50	23.6	24	5.9
60	25.1	26	6.3
70	26.4	27	6.6
80	27.6	28	6.9
90	28.7	30	7.1
100	29.7	33	7.4

(3)限量饲喂 是在生长肥育猪的生长后期控制体内脂肪过多沉积而限制饲喂量。可按肥育猪所需日粮的85%饲喂。日喂2～3次。

(4)供给充足、清洁的饮水 水是猪体的重要组成部分,它对体温调解,养分的消化、吸收、转化、分解、合成和食糜的运输,以及体内废物的排泄等,都起着重要作用。饮水不足,或限制饮水,则会引起食欲减退,采食量减少,日增重下降和饲料消耗增加,背膘加厚。严重缺水时(如机体丧失水20%左右)会引起疾病,甚至死亡。

肥育猪的饮水量随体重、环境温度、饲粮组成和采食量而不一样。春、秋季节饮水量应为采食风干饲料量的4倍或体重的16%;冬季饮水量应为采食风干饲料量的2～3倍或体重的10%左右;夏季饮水量为风干饲料量的5倍或体重的23%。饮水设备以自动饮水器较好,或在圈(栏)内单独设一水槽,经常保持充足而清洁的饮水,让猪自由饮用。

2. 饲养措施效果的检查指标 除平均日增重和料肉投入产出比外,由于第三阶段的结束意味着生长肥育猪的一个生产周期的结束。所以,需要用来说明整个肥育过程中的经济效益,那就是"投入产出比"。

$$投入产出比 = \frac{总收入(元)}{投入(元)}$$

其中:总收入是指整个养猪生产周期结束后,所有的收入之和。总投入是指整个养猪生产过程中,各种饲料、人工、水电以及圈舍维修等所有消耗的费用。

利用这个比值,可以确定某一养猪场(户)的生产效率,即所有投入能换取收入的多少。比如,经过 8 个月的肥育期,10 头肥育猪均达到 90 千克体重上市。如果活猪的收购按每千克 3 元计,获得总收入为 90×3×10=2 700(元)。8 个月的生产周期中、消耗饲料 1 000 元、人工费 500 元,其他开支 100 元。那么,该生产周期,饲喂 10 头肥育猪,可获得利润 1 100 元。投入产出比为 1 600∶2 700=1∶1.68。说明这个生产周期中 1 元的投入可获得 1.68 元的收入。

六、肥育猪生产水平的自我评估

评估肥育猪生产水平主要指标是增重速度、饲料效率、增重成本和死亡率。表 8-13 是肥育猪生产中的较高指标。如果小型养猪场的大群生产能够达到表中指标,可以说明其生产水平已达到中上等水平;如果低于表中的指标,说明还应加大管理力度,研究和解决管理中的问题,须进一步提高生产水平。

第八章 生长肥育猪科学饲养目标管理技术

表 8-13　肥育猪生产水平的自我评估

体重阶段(千克)	15～30	30～60	60～100	全程总计
总增重(千克)	14.5	30	40.5	85
日增重(克/日)	470	620	800	654
料肉比(饲料/增重)	2.5	3.0	4.0	3.4
耗料量(千克)	37.5	93	162	292.5
饲养日(日)	32	48	50	130
死亡率(%)	1	1		2

第九章 动物疫病预防、控制和猪病防治技术规范

一、动物疫病的分类

根据2007年8月30日第十届全国人民代表大会常务委员会第二十九次会议修订通过的《中华人民共和国动物防疫法》第四条"一、二、三类动物疫病具体病种名录由国务院兽医主管部门制定公布。"中华人民共和国农业部于2008年12月11日发布公告(第1125号文件):

一、二、三类动物疫病病种名录

一类动物疫病(17种)

口蹄疫、猪水疱病、猪瘟、非洲猪瘟、高致病性猪蓝耳病、非洲马瘟、牛瘟、牛传染性胸膜肺炎、牛海绵状脑病、痒病、蓝舌病、小反刍兽疫、绵羊痘和山羊痘、高致病性禽流感、新城疫、鲤春病毒血症、白斑综合征

二类动物疫病(77种)

多种动物共患病(9种):狂犬病、布鲁氏菌病、炭疽、伪狂犬病、魏氏梭菌病、副结核病、弓形虫病、棘球蚴病、钩端螺旋体病

牛病(8种):牛结核病、牛传染性鼻气管炎、牛恶性卡他热、牛白血病、牛出血性败血病、牛梨形虫病(牛焦虫病)、牛锥虫病、日本血吸虫病

绵羊和山羊病(2种):山羊关节炎脑炎、梅迪-维斯纳病

猪病(12种):猪繁殖与呼吸综合征(经典猪蓝耳病)、猪乙型

第九章 动物疫病预防、控制和猪病防治技术规范

脑炎、猪细小病毒病、猪丹毒、猪肺疫、猪链球菌病、猪传染性萎缩性鼻炎、猪支原体肺炎、旋毛虫病、猪囊尾蚴病、猪圆环病毒病、副猪嗜血杆菌病

马病（5种）：马传染性贫血、马流行性淋巴管炎、马鼻疽、马巴贝斯虫病、伊氏锥虫病

禽病（18种）：鸡传染性喉气管炎、鸡传染性支气管炎、传染性法氏囊病、马立克氏病、产蛋下降综合征、禽白血病、禽痘、鸭瘟、鸭病毒性肝炎、鸭浆膜炎、小鹅瘟、禽霍乱、鸡白痢、禽伤寒、鸡败血支原体感染、鸡球虫病、高致病性禽流感、禽网状内皮组织增殖症

兔病（4种）：兔病毒性出血病、兔黏液瘤病、野兔热、兔球虫病

蜜蜂病（2种）：美洲幼虫腐臭病、欧洲幼虫腐臭病

鱼类病（11种）：草鱼出血病、传染性脾肾坏死病、锦鲤疱疹病毒病、刺激隐核虫病、淡水鱼细菌性败血症、病毒性神经坏死病、流行性造血器官坏死病、斑点叉尾鮰病毒病、传染性造血器官坏死病、病毒性出血性败血症、流行性溃疡综合征

甲壳类病（6种）：桃拉综合征、黄头病、罗氏沼虾白尾病、对虾杆状病毒病、传染性皮下和造血器官坏死病、传染性肌肉坏死病

三类动物疫病（63种）

多种动物共患病（8种）：大肠杆菌病、李氏杆菌病、类鼻疽、放线菌病、肝片吸虫病、丝虫病、附红细胞体病、Q热

牛病（5种）：牛流行热、牛病毒性腹泻/黏膜病、牛生殖器弯曲杆菌病、毛滴虫病、牛皮蝇蛆病

绵羊和山羊病（6种）：肺腺瘤病、传染性脓疱、羊肠毒血症、干酪性淋巴结炎、绵羊疥癣、绵羊地方性流产

马病（5种）：马流行性感冒、马腺疫、马鼻腔肺炎、溃疡性淋巴管炎、马媾疫

猪病（4种）：猪传染性胃肠炎、猪流行性感冒、猪副伤寒、猪密

螺旋体痢疾

禽病（4种）：鸡病毒性关节炎、禽传染性脑脊髓炎、传染性鼻炎、禽结核病

蚕、蜂病（7种）：蚕型多角体病、蚕白僵病、蜂螨病、瓦螨病、亮热厉螨病、蜜蜂孢子虫病、白垩病

犬猫等动物病（7种）：水貂阿留申病、水貂病毒性肠炎、犬瘟热、犬细小病毒病、犬传染性肝炎、猫泛白细胞减少症、利什曼病

鱼类病（7种）：鲖类肠败血症、迟缓爱德华氏菌病、小瓜虫病、黏孢子虫病、三代虫病、指环虫病、链球菌病

甲壳类病（2种）：河蟹颤抖病、斑节对虾杆状病毒病

贝类病（6种）：鲍脓疱病、鲍立克次体病、鲍病毒性死亡病、包纳米虫病、折光马尔太虫病、奥尔森派琴虫病

两栖与爬行类病（2种）：鳖鳃腺炎病、蛙脑膜炎败血金黄杆菌病

二、人畜共患传染病名录

中华人民共和国农业部公告

第1149号

根据《中华人民共和国动物防疫法》有关规定，我部会同卫生部组织制定了《人畜共患传染病名录》，现予发布，自发布之日起施行。

附件：《人畜共患传染病名录》

二〇〇九年一月十九日

第九章 动物疫病预防、控制和猪病防治技术规范

附件：

《人畜共患传染病名录》

牛海绵状脑病、高致病性禽流感、狂犬病、炭疽、布鲁氏菌病、弓形虫病、棘球蚴病、钩端螺旋体病、沙门氏菌病、牛结核病、日本血吸虫病、猪乙型脑炎、猪Ⅱ型链球菌病、旋毛虫病、猪囊尾蚴病、马鼻疽、野兔热、大肠杆菌病（O157：H7）、李氏杆菌病、类鼻疽、放线菌病、肝片吸虫病、丝虫病、Q热、禽结核病、利什曼病

三、完善动物疫情报告制度

（一）报告疫情要及时

按照《中华人民共和国动物防疫法》第二十六条规定："从事动物疫情监测、检验检疫、疫病研究与诊疗以及动物饲养、屠宰、经营、隔离、运输等活动的单位和个人发现动物染疫或者疑似染疫的，应当立即向当地兽医主管部门、动物卫生监督机构或者动物预防控制机构报告，并采取隔离等控制措施，防止动物疫情扩散，其他单位和个人发现动物染疫或者疑似染疫的，应当及时报告"。"接到动物疫情报告的单位，应当及时采取必要的控制处理措施，并按照国家规定的程序上报"。任何单位和个人不得瞒报、谎报、迟报、漏报动物疫情。

（二）报告内容要准确

动物疫情由县级以上人民政府兽医主管部门认定。动物疫病报告内容包括法定的"一类、二类、三类动物疫病"。当疑似疫病或误诊疫病，经过县级以上的人民政府兽医主管部门确诊或排除后也应及时报告。

（三）报告方式要得当

报告方式可分为口头报告（基层）、书面报告（县级以上）、电话

怎样提高中小型猪场效益

报告和电子邮件报告等。要做到及时准确。

(四)按国家规定的程序上报疫情,速度要快

县级以上地方人民政府兽医主管部门,主管本行政区域内的动物疫情上报工作。

1. 发生一类动物疫病的报告时限 一类动物疫病扩散蔓延迅速、猛烈,对人类和动物危害严重,需要采取紧急、严厉的强制性的预防、控制、扑灭措施。因此,当一类动物疫情发生时,县级以上地方人民政府兽医主管部门,接到一类动物疫病报告后,要立即派官方兽医赶到现场,快速诊断,确诊为一类动物疫病时,要在24小时内,通过电话、电报、电传、传真等方式逐级上报,直至报到国务院兽医主管部门。

初次报告后,在稳定或疫情根除前,要每2天逐级汇报1次疫情的控制进展情况。

2. 发生二类动物疫病的报告时限 二类动物疫病扩散蔓延迅速,可能造成重大经济损失,需要采取严格控制、扑灭等措施。因此,当二类动物疫病发生时,县级以上地方人民政府兽医主管部门接到二类动物疫情报告后,要立即派官方兽医赶赴现场,进行快速诊断,当确诊为二类动物疫病时,要在48小时内,通过电话、电传、传真等方式逐级上报,直至报到国务院兽医主管部门。

初次通报后,在稳定或扑灭前,每3天逐级汇报1次疫情的控制进展情况。

3. 发生三类动物疫病的报告时限 三类动物疫病是常见多发的传染病,可能造成重大经济损失,需要净化和控制。扩散蔓延速度较缓和。因此,当三类动物疫病发生时,县级以上地方人民政府兽医主管部门接到疫情报告后,要立即派官方兽医赶赴现场进行快速诊断,当确诊为三类动物疫病时,要在72小时内,通过电话、电报等方式逐级上报,直至报到国务院兽医主管部门。

初次通报后,在稳定和净化、扑灭前,每4天逐级汇报1次疫

情控制进展情况。

四、"一类、二类、三类动物疫病"控制、扑灭技术规范

(一)一类动物疫病控制、扑灭技术规范

根据《中华人民共和国动物防疫法》"第三十一条"规定,应采取"双轨运行,群防群控"措施。发生一类动物疫病时,要采取以下4项技术措施(以猪病为例):

1. 封锁疫区 当地县级以上地方人民政府兽医主管部门接到猪群发生疫病报告后,应立即派官方兽医到发病现场采取病料,快速诊断。当确诊为"一类动物疫病"时,立刻划定疫点(疫点:为发病猪所在的地点。规模化养殖场/户,以病猪所在的相对独立的养殖圈舍为疫点;散养猪以病猪所在的自然村为疫点;在市场发现疫情,以市场为疫点;在屠宰加工过程中发现疫情,以屠宰加工厂/场为疫点)、疫区〔疫区:指疫点边缘向外延伸3千米范围内的区域。但还要根据疫情的流行病学调查、疫点周边的饲养环境、天然屏障(如河流、山脉等)等因素综合评估后划定〕、受威胁区(受威胁区:由疫区边缘向外延伸5千米范围内的区域划为受威胁区),并派人进驻疫点死看死守,防止传染源外流;与此同时,报请同级地方人民政府对疫区进行封锁;本级地方人民政府,接到申请报告后应在12小时内下发《关于××疫区的封锁令》,主送各乡级人民政府,抄报上一级人民政府;抄送县直有关部门和毗邻县(市)人民政府,进行联防联控。对疫区进行封锁。在交通路口设置动物防疫消毒站,在疫区周围设置警示标志,在疫点进出路口设置动物防疫消毒岗,派专人监督管理。本级地方人民政府应及时组织公安、卫生部门(人畜共患传染病)等进入疫区、疫点。对疫点内病猪与同群猪都无血扑杀;对假定健康猪隔离、紧急免疫接种、紧急带猪消毒;对被病猪污染的交通工具、用具、场地、猪舍等紧急消毒;对被

无血扑杀猪、病死猪、被病猪污染的垫料、排泄物等做深埋、焚烧等无害化处理。参与疫情处理的有关人员要穿防护服,要戴防护帽、手套、口罩,穿胶靴。

在封锁期间,要加强对疫点、疫区、受威胁区的强制性管理。

(1)加强疫点的强制性管理　第一,严禁人、易感染动物以及车辆出入;第二,严禁畜禽可能污染的物品运出;第三,在特殊情况下,必须出入时,须经当地县级以上地方人民政府兽医主管部门许可后,在官方兽医监督、严格消毒后,方可出入;第四,疫点的出入口,要设有消毒设备,要有动物卫生监督员专项管理。

(2)加强疫区的强制性管理　第一,在交通要道,要设立临时性的动物卫生监督检查站,执行监督检查任务。为控制、扑灭动物疫病,动物卫生监督机构应当派人在当地依法设立的现有检查站执行监督检查任务。必要时,经省、自治区、直辖市人民政府批准,可以设立临时性的动物卫生监督检查站,执行监督检查任务。监督畜禽及产品的移动。并设有消毒设备,对出入人员、车辆,进行严格的消毒。第二,停止集市贸易和疫区内畜禽及其产品的交易。第三,已饲养的畜禽必须圈养。第四,役畜限定在疫区内使用。

(3)加强受威胁区的强制性管理　当地县级、乡级人民政府,要积极组织受威胁区内有关生产单位和个人,按照国务院兽医主管部门的规定,采取强制性防御措施。动物卫生监督机构随时监督、监测疫情动态。发现问题要及时处理。

此外,关于封锁疫区决定的作出,若疫区的范围涉及两个以上行政区域的,要由有关行政区域共同的上一级人民政府对疫区实行封锁,或者由各有关行政区域的上一级人民政府共同对疫区实行封锁。必要时,上级人民政府可以责成下级人民政府对疫区实行封锁。

当地县级以上地方人民政府兽医主管部门,要按国家动物疫情报告管理的有关规定上报疫情发生情况。并逐级上报到国务院

第九章 动物疫病预防、控制和猪病防治技术规范

兽医主管部门。至未扑灭此疫病之前,每2天逐级汇报1次控制、扑灭工作情况。

2. 紧急免疫接种 县级以上地方人民政府兽医主管部门组织实施动物疫病强制性紧急免疫接种。紧急免疫接种,是在发生一类动物疫病时,为了迅速控制、扑灭疫病流行,而对疫区、受威胁区、尚未染疫的畜禽(假定健康动物)进行的应急性强制性免疫接种,应按照国务院兽医主管部门的规定建立免疫档案,加施畜禽标识,实施可追溯管理。如发生猪瘟疫病时,就要接种猪瘟活疫苗(细胞源),来提高猪群中的免疫密度。这种紧急免疫接种的目的是要建立"免疫带"以包围疫区(疫点),就地扑灭疫情。因此,在进行免疫注射时,要先从外围开始注射。要做到注射1头猪换1个针头。注射密度要达到100%。

3. 紧急消毒、切断传染途径 在发生某种传染病时,为了及时消灭刚从病畜(禽)体内排出的病原体应采取消毒措施。疫点内被污染的畜(禽)舍、用具、场地等,要紧急消毒。

(1)空舍消毒程序 首先彻底清扫粪尿、垫物等。其次用3%氢氧化钠溶液喷洒、刷洗墙壁、笼架、槽具、地面,消毒3小时后,用清水冲洗干净。用药量为地面2 000毫升/米^2,墙壁、屋顶1 000毫升/米^2。干燥后密闭畜(禽)舍,按每立方米空间用福尔马林(含37%~40%甲醛水溶液)30毫升、高锰酸钾15克,熏蒸消毒,密封熏蒸12~24小时后打开门窗除去甲醛味。注意事项:选择容器要合理,操作要规范;舍内温度应高于15℃,湿度应在70%左右,甲醛气体才有较高活性载体作用,才能达到杀灭菌毒的目的。进猪前,用火焰消毒器再进行1次火焰消毒,彻底杀灭舍内病原体。

(2)场地消毒程序 首先把场地清扫干净、无杂物;其次,用3%火碱溶液喷洒场地,用药量为每平方米表面500~800毫升。

(3)带畜(禽)消毒程序 每周消毒3次。如带猪消毒,在消毒前用水冲去舍内粪便,干燥后用1:1 200的强力克毒威溶液带猪

消毒,每平方米表面用消毒药液400毫升。

(4)**无害化处理** 对畜禽粪便、垫料、受污染物品,一律在官方兽医监督指导下,进行无害化处理。彻底消灭传染源,切断传播途径。

鼠类及虻、蚊、蜱等节肢动物,都是畜禽疫病的重要传播媒介。因此,要采取药物、器械、电击等方法扑灭。

4. 解除疫区封锁 疫区内最后一头病猪被扑杀,再经过长于该病一个潜伏期的时间,未出现新的疫情时,在当地动物疫病控制机构监督指导下,经过严格地终末消毒,经县级以上地方人民政府兽医主管部门组建有关专家组审验合格,由当地县级以上地方人民政府兽医主管部门提出申请,由原发布封锁令的地方人民政府发布《解除××疫区封锁令》,主送:各乡级人民政府;抄送:县直级有关单位、毗邻县(市)人民政府;抄报:上一级人民政府。撤掉临时性动物卫生监督检查站。恢复正常生产秩序。

原发生疫情的当地县级人民政府兽医主管部门,按照国家动物疫情报告管理的有关规定上报扑灭疫情情况。并写出书面总结报告报上一级人民政府兽医主管部门和本级人民政府备案。当地动物疫控机构对处理疫情的全过程必须做好完整详实的记录(包括文字、图片和影像等),并存档管理。

(二)二类动物疫病控制、扑灭技术规范

根据《中华人民共和国动物防疫法》"第三十二条"精神,应采取"双轨运行、群防群控"的综合防制措施。发生二类动疫病时,要采取以下4项技术措施(以猪病为例):

1. 控制疫区 当地县级以上地方人民政府兽医主管部门(或当地动物疫控机构)接到法定报告人关于猪群发生疫病的报告后,要立即派官方兽医到发病现场调查疫源,采取病料,快速诊断。确诊为二类动物疫病后,要立刻派官方兽医进驻疫点看守,防止病原外流,防止疫情扩散。由当地县级以上地方人民政府兽医主管部

第九章　动物疫病预防、控制和猪病防治技术规范

门划定疫点、疫区、受威胁区,同时报请本级地方人民政府对疫区实施控制管理;本级地方人民政府收到申请报告后,要在 28 小时内下发《关于××疫区控制的通知》,主送各乡级人民政府,抄送县直有关单位。在疫区交通路口设置动物防疫消毒站进行监督、消毒管理;本级地方人民政府应及时组织公安、卫生部门(当发生人畜共患传染病时)进入疫区、疫点,将病猪无血扑杀处理,将同群猪、假定健康猪紧急分群、分舍隔离、带猪消毒和紧急免疫接种;将被病猪污染的场地、用具、猪舍等紧急彻底地消毒;对被无血扑杀猪、病死猪、被病猪污染的垫料、排泄物等进行深埋、焚烧等无害化处理。在对疫区进行控制期间,停止集市贸易,关闭生猪交易市场;严禁染疫、疑似染疫和易感染的动物、动物产品,从疫区流出;也严禁非疫区的易感动物及其产品进入疫区;对进出疫区的人员、运输工具及物品等进行消毒管理。

县级以上地方人民政府兽医主管部门,按照国家动物疫情报告管理的有关规定及时上报疫情发生情况。并要逐级上报到国务院兽医主管部门。至未扑灭此疫病之前,每隔 3 天逐级汇报 1 次控制、扑灭工作进展情况。二类动物疫病呈暴发性流行时,按照一类动物疫病处理。

2. 紧急消毒,切断传播途径　疫区内(包括疫点)被病猪污染的猪舍、场地、交通工具、用具,可用 3% 火碱溶液喷洒和刷洗消毒。对病猪的排泄物及被其污染物、污水,要在官方兽医监督指导下,搞好无害化处理。对养猪舍,要带猪消毒,每周消毒 3 次(周一、周三、周五)。带猪消毒的程序是:首先,消毒前要用水冲去舍内粪便,保持舍内地面清洁卫生。其次,舍内地面干燥后用 1∶1 200 的强力克毒威彻底消毒;每周环境消毒 1 次,对生产区猪舍净道和外环境,可用 1∶500 百毒杀(50%剂型)或 1∶1 500 强力克毒威溶液消毒 1 次,每平方米表面的消毒用量为 400 毫升;对生产区的污道,每天 1∶800 的克毒威溶液消毒 1 次,每平方米表面

的消毒药用量为 500 毫升。

鼠类和节肢动物(虻、蚊、蜱等),都是动物疫病发生和蔓延的重要传播媒介,因此要采取药物、机械、电击方法杀灭,防止它们的出现。

3. 紧急免疫接种 在发生二类动物疫病时,为了迅速扑灭疫病的流行,对疫点、疫区和受威胁区的尚未发病的假定健康猪选择相适应疫苗进行紧急性、强制性免疫接种。免疫注射密度要达到100%。实践证明,依靠接种疫苗,使其产生坚强的特异性免疫力来预防和控制传染病的发生,是极有效的措施。按国家规定,在免疫注射工作中,要建立免疫档案,加施畜禽标识,实施可追溯管理。

4. 解除控制疫区 疫区内最后一头病猪被无血扑杀或自然死亡后,长于该病一个潜伏期时间没发生新疫情,在当地动物疫控机构的监督指导下,对相关的场所和物品实施终末消毒。经县级以上地方人民政府兽医主管部门组建的有关专家组审验合格,由当地县级以上地方人民政府兽医主管部门提出申请,由原下发关于《××疫区控制的通知》的地方人民政府下发《关于解除××疫区控制的通知》,主送:各乡级人民政府,抄送:县有关部门。恢复正常生产。

当地县级以上地方人民政府兽医主管部门根据国家动物疫情报告管理的有关二类动物疫病扑灭后的要求及时上报疫病扑灭情况。

当地县级动物疫控机构,要对处理疫情的全过程做好完整详实记录(包括文字、图片和影像等),并归档。

(三)三类动物疫病控制、扑灭技术规范

根据《中华人民共和国动物防疫法》第三十四条"发生三类动物疫病时,县级、乡级人民政府应当按照国务院兽医主管部门的规定组织防治和净化。"应采取"双轨运行、群防群控"的综合防治措施。发生三类动物疫病时,应采取以下 4 项技术措施(以猪病为

第九章　动物疫病预防、控制和猪病防治技术规范

例）：

1. 控制疫点　任何单位和个人，发现猪群出现死亡，怀疑是疫病时，应及时向当地动物疫控机构报告。当地动物疫控机构应立即派官方兽医到现场进行初步调查核实，快速诊断。确诊为三类动物疫病时，当地动物疫控机构应立刻派人看管，防止病原外流；同时上报当地县级地方人民政府兽医主管部门。当地县级地方人民政府兽医主管部门接到疫情报告后，立即到发病现场划定疫点。派官方兽医进行看守，防止病原外流。并向同级人民政府申请下发关于控制疫点的通知。当地县级人民政府接到申请报告后，应在30小时内下发《关于××疫点进行控制的通知》，主送各乡级人民政府，抄送县直属有关单位。对疫点进行控制管理：在疫点的出入口设置动物检疫消毒岗，设专人进行监督、消毒管理。发生人畜共患传染病时县级地方人民政府兽医主管部门，应会同公安、卫生部门和所在地的乡级人民政府，进入疫点，对病猪隔离饲养、封闭治疗（组建县乡两级专家组进行治疗），对同群猪隔离饲养、紧急免疫接种或药物预防；对病猪污染的场地、交通工具、用具等紧急消毒；对病猪污染的垫料、病猪的排泄物、病死猪进行无害化处理。在对疫点控制期间，严禁易感染动物、动物产品及有关物品的流出疫点，防止疫情扩散。限制疫点内人员、车辆的出入。三类动物疫病呈暴发性流行性，按照一类动物疫病处理。

当地县级地方人民政府兽医主管部门，要按照国家动物疫情报告管理的有关规定及时上报发生疫病情况。

2. 紧急消毒，灭鼠、杀虫　在对疫点控制期间，要加强对进出疫点人员消毒管理，坚持"三踩一更"的消毒制度。即：疫点门前踏3%的火碱池，更衣室更衣、消毒液洗手、生产区门前及各猪舍门前设消毒池（盆），经消毒后方可出入。加强器械物品、用具、交通工具的消毒，加强空舍消毒（详见空舍消毒程序部分），加强猪舍带猪消毒（对病猪隔离治疗舍，每天1次带猪喷雾消毒；对假定健康猪

舍,每周3次带猪消毒,可选用1:1 200的强力克毒威喷雾)。还要搞好生产区舍外环境消毒,每周1次,可用2%的火碱水溶液喷洒消毒。抓好灭鼠、蚊、蝇、蜱、虻的工作。

3. **紧急免疫接种和药物防治** 当确诊为三类动物疫病时,要对疫点内的假定健康猪,对疫点边缘受威胁的猪群,选用相适应的疫苗,紧急免疫接种,形成"免疫带";或用对症治疗药物拌料饲喂,形成药物保健带,来控制、扑灭疫病。

4. **解除控制疫点** 疫点内,最后一头病猪治愈或死亡后长于该病一个潜伏期时间没出现新疫情,在当地动物疫控机构的监督指导下,对相关场所、物品实施终末消毒,经县级以上动物疫控机构审验合格,由当地县级地方人民政府兽医主管部门提出申请,由原下发疫点控制《通知》的地方人民政府下发《关于解除××疫点控制的通知》,主送各乡级人民政府,抄送:县直有关部门。恢复正常生产秩序。

当地县级地方人民政府兽医主管部门负责上报控制、扑灭疫情报告。当地县级动物疫控机构负责对疫病处理的全过程进行完整详实的记录(包括文字、图片、影像),并归档管理。

五、中小型猪场的消毒

为了预防动物疫病的发生,必须坚持消毒灭源(预防性消毒)。消毒灭源是杀灭病原微生物,防止动物疫病侵入和流行的一项重要的防疫措施。

中小型猪场在选择消毒剂时要遵循以下原则:一是在使用条件下要具备高效、低毒无腐蚀性、无特殊的嗅味和颜色,不对设备、物料、产品产生污染。二是具备有效抗菌浓度,可易溶或混溶于水,与其他消毒剂无配伍禁忌。三是对大幅度温度变化可显示出长效稳定性,贮存过程中稳定。四是价格便宜。

在使用消毒剂时,应注意以下3点:一是将消毒的环境或物品

第九章 动物疫病预防、控制和猪病防治技术规范

要先清理干净,去掉灰尘和覆盖物,有利于消毒剂发挥作用。二是中小型猪场,应多备几种消毒剂,定期交替使用,以免产生耐药性。三是密切注意消毒剂市场的发展动态,及时选用和更换最佳的消毒产品,以达最佳效果。

中小型养猪场消毒灭源的消毒程序如下。

(一)进入生活管理区的车辆、人员及物品的消毒

1. 车辆消毒 凡是进入生活管理区的车辆,必须在大门外经 1∶600 的强力克毒威彻底冲洗消毒,晾置 30 分钟,若进入场内,还要通过猪场大门口设置的消毒池(此消毒池宽同大门,长为机动车轮 1.5 周,深为 25 厘米,内放入 2% 火碱液)进行车轮消毒。司机换上由本场提供的胶靴,经消毒通道消毒后,才允许进入场内。

2. 人员消毒 本场人员进入生活区一律先经过猪场大门口处进行脚踏消毒池(垫)(内放 2% 火碱液),消毒液洗手,用漫射紫外线照射 5 分钟后,方可入内。

外来人员禁止入内,并谢绝参观。若生产或业务必须,经消毒后在接待室借助录像了解情况。需要进入生产区的,也必须按照生产人员入场时的消毒程序消毒后入场。

3. 物品消毒 任何生鲜动物肉及肉制品严禁入内,外购物品一律经消毒通过后入内。

(二)进入生产区人员及物品的消毒规定

生产区入口处设置更衣、换鞋、消毒池和淋浴室。

1. 人员消毒 ①每天所有进入生产区的人员,必须坚持"三踩一更"的消毒制度。即:场区门前踏 3% 的火碱池,更衣室更衣、消毒液洗手,生产区门前消毒池及各猪舍门前消毒池(盆)消毒后方可入内。条件具备时,可先沐浴再更衣再消毒才能入内。②凡是进入生产区的外来人员必须在生活管理区隔离缓冲 2 天,经洗澡、消毒、换上本场提供的工作服后,才允许入内。其在生活管理区所穿的衣服不允许带入生产区。③本场送猪人员和车辆,必须

经过全面消毒后,方可回场。④饲养人员除工作需要外,一律不准乱串舍,工具不得互相借用。⑤任何人不得带饭,更不可将生肉及含肉制品的食物带入场内。场内职工和食堂均不得从市场购肉。吃肉问题由场内宰杀健康猪供给解决。

2. 物品消毒 凡是进入生产区的物品,必须在仓库内经福尔马林或速灭5号熏蒸消毒2小时,再经紫外线照射消毒2天,才允许入内。

3. 全场大消毒 每半个月进行1次,遇到疫情时,可每周进行1次。

(三)生产区内的日常消毒方法

1. 人员消毒 工作人员每天上班时,必须穿上胶靴趟过2%火碱消毒池后,才能进入猪舍工作。

饲养人员每次清除猪粪尿结束后,用1:500的强效碘消毒手臂后,穿靴趟过2%火碱液消毒池,进入猪舍。严禁人员互相串栋。

工作服、鞋帽,要及时清洗,经阳光晒干或干热烘干备用。

2. 带猪消毒 每周一、周五各进行1次带猪消毒。消毒前用水冲去猪圈内的粪便,干燥后用1:1200的强力克毒威或用过氧乙酸0.1%浓度作带猪喷雾消毒。

3. 环境消毒

(1)生产区猪舍净道及外环境消毒 每周三用1:500的百毒杀或用0.3%~0.5%过氧乙酸消毒1次。或用1:1500强力克毒威消毒1次。

(2)生产区的污道消毒 每天用1:800的克毒威消毒1次,或用0.5%过氧乙酸喷雾消毒1次。每次消毒前必须用扫帚扫净路面。

4. 空舍消毒 即"全进全出"期间空猪舍的常规消毒程序。

方法之一:首先彻底清扫粪便。用2%火碱液喷洒、刷洗墙

第九章 动物疫病预防、控制和猪病防治技术规范

壁、笼架、槽具、地面,消毒2小时后,再用清水冲洗干净。干燥后,密闭猪舍,按每立方米空间用福尔马林(粗制的含30%~40%甲醛水溶液)30毫升,倒入适当的容器内;高锰酸钾15克,进行熏蒸消毒。舍温最好在20℃左右,相对湿度在70%以上。否则,要采取措施,增加舍内温度、湿度。密封熏蒸24小时后打开门窗除去甲醛气味,备用。进猪前再用火焰消毒器进行一次火焰消毒,彻底杀灭舍内病原体。

方法之二:首先用高压水枪将舍内粪便冲洗干净,再用1:300的克毒威喷雾消毒1次。干燥后,关闭门窗,用速灭5号、福尔马林,熏蒸消毒关闭门窗4~5天。然后,打开门窗,除去甲醛气味,备用。进猪前,再用火焰消毒器进行一次火焰消毒。

5. 产房消毒 对产房采取全进全出方式消毒。先将产床冲洗干净,然后再用高锰酸钾和甲醛熏蒸消毒。仔猪培育舍消毒与产房同。有条件的可进行消毒效果检测。母猪进入产房前,要进行体表清洗和消毒。可用0.1%高锰酸钾溶液对外阴部、尾及尾根部、乳房擦洗消毒。仔猪断脐时,用5%碘酊液严格消毒。

6. 器械、物品消毒 医疗、手术、人工授精、接产等金属、玻璃器械,可采用煮沸、高压、消毒药液浸泡等方法消毒灭菌。纺织、乳胶制品、橡皮等,可采用高压、烘干、紫外线照射、熏蒸等方法消毒灭菌。

(四)污物处理区的消毒

1. 病死猪、病料的消毒方法

(1)深埋法 小型养猪场中,死猪不太多,因非烈性传染病死亡的猪、病料,可以采用深埋法处理。具体做法是,在污物处理区挖2米以上的深坑,在底部撒一层生石灰,然后再放入死猪、病料,在其上面撒一层生石灰,最后用土埋实。

(2)焚烧法 是在焚尸炉中通过燃油热烧器将猪尸、病料焚烧。通过焚烧可将死尸、病料烧为灰烬。这种处理方法能彻底消

灭病菌,处理死猪、病料迅速、卫生。

2. 粪便和污物的消毒 有强传染性疾病的少量粪便应焚烧,稀的粪便可加入10%~20%漂白粉溶液或20%的石灰乳等,使药液充分浸透。大量粪便可采用发酵法进行生物热消毒。经发酵后的粪便可做肥料。常用的发酵法有两种:

(1)发酵池法 在污物处理区挖宽、深各3米,长度不限的池,最好用砖和水泥砌池壁和池底,池底铺一层干粪和杂草,以泥土封盖。2~3个月后便可挖出做肥料。

(2)堆积发酵法 适于处理较干燥的粪便,如果全是猪粪,应掺1/4左右马粪,以利提高发酵的温度。具体做法是:先在污物处理区,挖宽2米、深20厘米而长度不限的浅沟,铺一层健康畜粪垫底,然后堆放病猪粪便和污物,高2米、两侧呈70°斜坡的塔形粪堆,冬天浇些热水。顶上盖10厘米厚的健康畜粪,最后全粪堆都盖上10厘米厚的泥土封严。2~3个月后即可沤熟、做肥料。

六、中小型猪场寄生虫病控制程序

随着中小型养猪场饲养管理水平的不断提高和圈舍条件的不断改善,寄生虫病的发生也由显性逐渐变为隐性。因此,寄生虫病对中小型养猪场造成的危害往往容易被忽视。大量实践证明,寄生虫病可使猪的增重降低5%~35%,饲料转化率降低4%~33%。

中小型养猪场常见的内寄生虫主要为肠道线虫(如蛔虫、结节虫、兰氏类圆线虫和鞭虫等),外寄生虫主要为疥螨、血虱等。目前,我国主要应用的抗内寄生虫药物有:阿维菌素、伊维菌素、苯丙咪唑类(如丙硫咪唑)、咪唑并噻唑类(如左旋咪唑)和有机磷类(如敌百虫)等;抗外寄生虫药物有阿维菌素、伊维菌素类、有机磷类(如敌敌畏、二嗪农)和菊酯类药物等。同时,驱杀内外寄生虫的首选药物应该是阿维菌素和伊维菌素类(如虫克星、伊维速克)。

控制寄生虫药物的选择原则是应选择高效、安全、广谱的抗寄生虫药物。首选的药物是伊维菌素类的各种制剂。如伊维速克注射液,药效期45天,防护期70天,可100%驱除疥螨及肠道线虫等寄生虫,肌内或皮下注射,每50千克体重,注射1毫升。

常见线虫和外寄生虫病的控制程序,首次运用本寄生虫控制程序的猪场,要对全场猪只进行逐头、彻底驱虫。

妊娠母猪在分娩前7~14天用抗寄生虫药1次。

初产母猪配种前7~14天用抗寄生虫药1次;分娩前7~14天,再用药1次。

种公猪每年至少用抗寄生虫药驱虫2次;对外寄生虫严重的猪场,每年用药4~6次。

育肥猪和育成猪在转群前用抗寄生虫药1次。

所有引进的猪只,要用抗寄生虫药2次,每次间隔10~14天。隔离30天后再与其他猪并群。

若猪场疥螨、血虱感染严重时,首次用药后10天左右,应重复用药1次,以便杀灭疥螨虫的幼虫、稚虫。

七、中小型猪场主要传染病的免疫程序

依靠接种疫苗,使猪产生坚强的特异性免疫来预防传染病的发生,是很经济而且又是极有效果的措施。不论猪场大小,都应作为重要措施认真落实。

接种一种疫苗,仅能预防一种传染病。目前,对猪危害重大的传染病,都有预防效果理想的疫苗。可从兽医生物药厂或当地县级以上人民政府兽医主管部门、动物卫生监督机构、或者动物疫病预防控制机构购买。

根据本地区动物疫病发生的种类,确定计划免疫接种内容和适宜的科学免疫程序或进行免疫抗体监测后根据抗体水平,再制定免疫接种的内容、时间、次数和间隔时间(即免疫程序)。猪的主要传染病的免疫程序详见表9-1、表9-2。

表9-1 猪场肥育猪、后备猪接种免疫程序表(参考)

日龄	疫苗名称	接种方法	备 注
0	猪瘟活疫苗(细胞源)	肌内注射2头份(300个免疫剂量)	适于疫区猪场。仔猪初生后,不吃初乳前,立即接种1次,免疫后2小时准时吃初乳。也叫超前免疫(0时免疫)
1	猪传染性胃肠炎弱毒苗	后海穴注射0.5毫升	适于受威胁猪场
2	猪流行性腹泻灭活苗	后海穴注射0.5毫升	适于受威胁猪场
7	猪霉形体肺炎(瑞倍适)	肌内注射2毫升(隔2周再注1次)	适于受威胁猪场
15	猪气喘病弱毒苗	胸腔注1头份	接种前15天,后60天禁用抗生素
20	猪瘟活疫苗(细胞源)	肌内注射2头份	适于各类猪场
20	仔猪副伤寒弱毒苗	口服1.0头份(隔3周再口服免疫1次)	适于受威胁猪场
21	猪繁殖障碍与呼吸系统综合征灭活疫苗(PS株)	肌内注射2毫升	适于受威胁猪场
22	猪水肿病多价油乳剂灭活疫苗	肌内注射1毫升	适于各类猪场
28	猪传染性萎缩性鼻炎苗	肌内注射2毫升	适于受威胁猪场
29	猪伪狂犬病灭活疫苗	肌内注射1毫升	适于受威胁猪场
30	猪O型口蹄疫灭活疫苗	肌内注射1毫升	适于各类猪场
34	猪巴氏杆菌病活疫苗(679-230)	口服1头份	适于各类猪场
36	猪传染性胃肠炎弱毒苗	后海穴注射1毫升	适于受威胁猪场
38	猪传染性胸膜肺炎灭活疫苗	肌内注射1毫升	适于受威胁猪场

第九章 动物疫病预防、控制和猪病防治技术规范

续表 9-1

日龄	疫苗名称	接种方法	备注
40	猪丹毒活疫苗(GC42株)	皮下注射1头份	适于各类猪场
42	猪流行性腹泻灭活疫苗	后海穴注射1毫升	适于受威胁猪场
46	猪水疱病弱毒苗	肌内注射2毫升	适于受威胁猪场
50	猪败血性链球菌病活疫苗	皮下注射1毫升(1头份)(细菌含量≤0.5亿/头份)	适于受威胁猪场
56	猪O型口蹄疫高效灭活疫苗	深层肌内注射1毫升	适于各类猪场
60	猪瘟、丹毒、肺疫三联苗	肌内注射1头份	适于各类猪场
80	猪流行性腹泻灭活疫苗	后海穴注射2毫升	适于各类猪场
90	猪传染性胃肠炎弱毒苗	后海穴注射2毫升	适于受威胁猪场
100	猪伪狂犬弱毒苗	肌内注射1毫升	适于受威胁猪场

表 9-2 经繁种猪与后备种猪免疫接种程序表(参考)

猪别	疫苗名称	接种方法	接种时间	备注
成年公猪	猪瘟活疫苗(细胞源)	肌内注射2头份	4、10月份	适于各类猪场
	猪丹毒(G4T10)、肺疫(E0630株)二联苗	肌内注射1毫升(含1头份)	4、10月份	适于各类猪场
	猪伪狂犬病油乳剂灭活苗	深部肌内注射3毫升	4、10月份	适于受威胁猪场
	猪乙型脑炎弱毒疫苗	肌内注射1头份	4月中旬	适于受威胁猪场
	猪O型口蹄疫高效灭活疫苗	深部肌内注射3毫升	3、9、12月份	适于各类猪场
	猪链球菌灭活苗	肌内注射5毫升	6、12月份	适于受威胁猪场
	猪细小病毒灭活疫苗	肌内注射1头份	4、10月份	适于受威胁猪场
	猪萎缩性鼻炎灭活苗	肌内注射2毫升	4、10月份	适于受威胁猪场

续表 9-2

猪别	疫苗名称	接种方法	接种时间	备注
成年母猪	猪瘟活疫苗（细胞源）	肌内注射2头份（300个免疫剂量）	断奶时	适于各类猪场
	猪丹毒（G4T10）、肺疫（E0630株）二联苗	肌内注射1毫升（含1头份）	断奶时	适于各类猪场
	猪细小病毒灭活疫苗	肌内注射1头份	断奶时	适于受威胁猪场
	猪乙型脑炎弱毒疫苗	肌内注射1毫升	4月中旬	适于受威胁猪场
	仔猪红痢灭活苗	肌内注射5~10毫升	产前30天、15天	适于各类猪场
	猪萎缩性鼻炎灭活疫苗	肌内注射2毫升	产前30天、15天	适于受威胁猪场
	仔猪黄白痢K88、K99、987P三价苗	肌内注射1毫升	产前40天、20天	适于受威胁猪场
	猪传染性胃肠炎弱毒疫苗	后海穴注2毫升	产前25天	适于受威胁猪场
	猪流行性腹泻灭活疫苗	后海穴注3毫升	产前30天	适于受威胁猪场
	猪传染性胸膜肺炎灭活苗	肌内注射2毫升	产前30天	适于受威胁猪场
	猪O型口蹄疫高效灭活疫苗	肌内注射3毫升	3、9、12月份	适于各类猪场
后备公猪	猪瘟活疫苗（细胞源）	肌内注射2头份	配种前	适于各类猪场
	猪丹毒（G4T10）、肺疫（E0630株）二联活疫苗	肌内注射1毫升	配种前	适于各类猪场
	猪O型口蹄疫高效灭活疫苗	肌内注射3毫升	配种前	适于各类猪场
	猪细小病毒灭活疫苗	肌内注射1头份	配种前	适于受威胁猪场
后备母猪	猪瘟活疫苗（细胞源）	肌内注射2头份	6月龄时	适于各类猪场
	猪丹毒（G4T10）、肺疫（E0630株）二联活疫苗	肌内注射1毫升	6月龄时	适于各类猪场
	猪O型口蹄疫高效灭活疫苗	肌内注射3毫升	6月龄时	适于各类猪场
	猪细小病毒灭活疫苗	肌内注射1头份	6月龄时	适于受威胁猪场

八、中小型猪场保健给药程序

根据猪病流行规律,定期给猪只投服药物进行保健预防,使其在一定时间内不发生某些疾病,这对于预防某些疾病,有着极重要的作用。规模化养猪场猪的保健给药程序详见表9-3。

表9-3 中小规模猪场保健用药表(参考)

日龄	药物名称	给药方法	给药目的	说 明
0	青霉素、链霉素	每头内服,青、链霉素各16万单位	预防仔猪红痢、黄痢和脐带炎等疾病	仔猪出生后,吃初乳前,内服(用注射用水稀释后内服)
3	右旋糖酐铁注射液	每头肌内注射2毫升	预防缺铁性贫血、缺硒和下痢	
3	得米先	每头每次肌内注射0.5毫升	预防呼吸道疾病	
7	得米先	每头每次肌内注射0.5毫升	预防呼吸道疾病	
20	氟哌酸	每吨饲料中拌入200克,连喂7天	预防呼吸道、泌尿系统和肠道细菌感染	
21	得米先	每头、每次肌内注射0.5毫升	预防呼吸道疾病	
22	伊维菌素	皮下注射,一次量每千克体重0.3毫克	驱体内、外寄生虫	休药期28天
38	驱虫散	每100千克饲料拌入驱虫散0.1千克,连喂7天	驱附红细胞体	
50	磺胺二甲基嘧啶	内服,一次量每千克体重0.1克,1天2次,首次量加倍	防治猪萎缩性鼻炎及弓形虫病	
60	80%支原净、强力霉素、阿莫西林	每吨饲料中拌入80%支原净100克,强力霉素120克,阿莫西林150克,连喂7天	防治呼吸道疾病和腹泻	
75	虫蝇净	每100千克饲料中拌入0.3千克虫蝇净,连喂7天	驱虫、灭蚊蝇	
90	丙硫苯咪唑(抗蠕敏)	每千克体重按10毫克内服	广谱、驱旋毛虫	休药期14天
100	驱虫散	每100千克饲料中拌入驱虫散0.1千克,连喂7天	驱杀附红细胞体	

续表 9-3

日龄	药物名称	给药方法	给药目的	说明
110	伊维菌素	皮下注射,1次量每千克体重0.3毫克	驱除体内、外寄生虫	休药期18天
120	虫蝇净	每100千克饲料中拌入虫蝇净0.3千克,连喂7天	驱虫、灭蚊蝇	
妊娠母猪产前2周	伊维菌素	皮下注射,1次量每千克体重0.3毫克	驱体内、外寄生虫、广谱驱虫	休药期18天
种猪季初	驱虫散	每100千克饲料中拌入驱虫散0.1千克,连喂7天	预防猪附红细胞体病	

九、中小型猪场必备的治疗药物

中小型养猪场所用的兽药必须符合《中华人民共和国兽药规范》、《兽药质量标准》、《无公害食品　生猪饲养兽药使用规范》的相关规定。病猪常用的、符合相关规定要求的药物详见表9-4,表9-5。

表9-4　猪病常用治疗药物(供参考)

药物名称		作用与用途	使用方法	休药期(天)	备注
抗生素	青霉素类	用于猪丹毒、猪肺疫、猪链球菌病、炭疽、肺炎、乳房炎、脓肿、螺旋体病及各种败血症防治	每6～8小时一次,每次按10000～15000单位/千克体重,注用水稀释后肌内注射		禁止与四环素、磺胺类配伍
	链霉素类	防治猪肺疫、猪丹毒、肺炎、结核、钩端螺旋体、副伤寒、布氏杆菌病等	按1万单位/千克体重,注用水稀释后肌内注射,1天2次	18	禁止与碱盐、磺胺类钠盐注射液配伍

第九章 动物疫病预防、控制和猪病防治技术规范

续表 9-4

药物名称		作用与用途	使用方法	休药期(天)	备 注
抗生素	卡那霉素	防治霉形体肺炎等呼吸道、尿道感染及败血症	按2万~4万单位/千克体重,每12小时肌内注射1次		少与其他药物配伍
	庆大霉素	用于猪副伤寒、链球菌病等消化道、呼吸道、尿道感染及败血症	按1000~1500单位/千克体重,每12小时肌内注射1次	40	尽量不与其他抗生素、磺胺类、维生素C配伍
	土霉素	用于防治猪霉形体肺炎、肺疫、副伤害、肠炎、钩端螺旋体	按20~30毫克/千克体重,每天1次肌内注射,注射用水稀释;或按30~50毫克/千克体重,每天分2次内服	28	盐酸土霉素注射液禁止与碱性溶液配伍
	红霉素	与青霉素类似,用于耐青霉素菌株,与链霉素合用有协同作用	按4~8毫克/千克体重,注射用水溶解后加入5%葡萄糖水中静脉注射,1天2次		本品不能用生理盐水溶解
	四环素	用于猪肺疫、副伤寒、萎缩性鼻炎、链球菌病、丹毒、李氏杆菌病、螺旋体病等多种感染的防治	肌内注射:每天5~10毫克/千克,注射用水稀释,每天2次;内服:15~20毫克/千克体重·天,每天2次	8	禁止与青霉素、维生素C、葡萄糖酸钙注射液配伍
	洁霉素(林可霉素)	猪痢疾、霉形体肺炎、关节炎	肌内注射按11毫克/千克体重每天1次,连用6天。拌饲按50~100毫克/千克		局部肌内注射疼痛
	杆菌肽	促生长发育,提高饲料利用率	拌料10~100克/吨		
	泰乐菌素(泰农)	防治气喘病、痢疾、子宫炎、乳房炎、螺旋体病	按100毫克/千克体重内服,0.02%~0.04%拌饲;0.02%饮水,连用5天	14	

续表 9-4

药物名称		作用与用途	使用方法	休药期(天)	备注
喹诺酮类	诺氟沙星（氟哌酸）	广谱，用于肠道、呼吸道及尿路感染	混饲按 0.005%		
	恩诺沙星	广谱，用于气喘病、肠道感染、萎缩性鼻炎、链球菌病及乳腺炎、子宫炎、无乳综合征	肌内注射按 2.5 毫克/千克体重，每天 2 次	10	粉剂变微黄不影响疗效，禁与酸混合
	环丙沙星	用于呼吸道、尿道、消化道感染，对链球菌、肺炎双球菌、葡萄球菌等有效	静脉或肌内注射 2.5 毫克/千克体重，每天 2 次，饮水按 50~100 毫克/升		
	沙拉沙星	广谱、高效抗菌新药，杀灭各种细菌和霉形体，对大肠杆菌有特效	肌内注射 2.5 毫克/千克体重，每天 2 次，连用 3 天；饮水 25 毫克/升，每天 2 次，连用 3~5 天		
抗菌药	痢菌净	用于大肠杆菌、沙门氏菌等肠道感染，特别对血痢（密螺旋体感染）效果较好	肌内注射 2~5 毫克/千克体重，每天 2 次，连用 5 天；内服 5~10 毫克/千克体重		
磺胺类	磺胺嘧啶（大安、SD）	对猪肺疫、丹毒、肺炎、链球菌病、李氏杆菌病、子宫炎、脑炎、乳房炎有防治作用	按 0.07 克/千克体重肌内注射，每天 2 次。内服：0.1 克/千克体重，每天 2 次，首次量加倍		磺胺类药物忌与酸性药物同时使用
	磺胺二甲基嘧啶（SM$_2$）	同磺胺嘧啶，对传染性萎缩性鼻炎和弓形虫病也有防治作用	肌内注射：0.07 克/千克体重，每天 2 次；内服：0.1 克/千克体重，每天 2 次，首次量加倍	7	磺胺类药物的钠盐注射液，忌与生物类复方氨基比林、5%碳酸氢钠等注射液以及酚类化合物混合

续表 9-4

	药物名称	作用与用途	使用方法	休药期（天）	备 注
磺胺类	磺胺-5-甲氧嘧啶(SMD)	对尿路感染疗效最好,对其他系统感染也有效	肌内注射:0.07克/千克体重,每天1次；内服:0.07克/千克体重,首次0.1克/千克体重,每天1次		又名长效磺胺D
	磺胺-6-甲氧嘧啶(SMM)	适用于细胞性痢疾、肠炎、尿道感染、脓肿、蜂窝织炎	肌内注射:0.07克/千克体重,每天1次；内服:0.07克/千克体重,首次0.1克/千克体重,每天1次,不可同服碳酸氢钠		又名长效磺胺C,SD-36,是一有希望的新药
	磺胺脒（磺胺胍、SG)	用于肠道细菌感染	内服:每天0.1～0.3克/千克体重,分为2～3次服下		
	甲氧苄胺嘧啶—磺胺嘧啶溶剂(TMP-SD)	用于防治猪肺疫、猪副伤寒、猪链球菌病、李氏杆菌病、肺炎等,有增强抗菌效力的作用	内服:30毫克/千克体重,每天一次；肌内注射:15～20毫克/千克体重,每12小时1次		
	甲氧苄胺嘧啶（抗菌增效剂,TMP)	与SD作用相似,与磺胺类或青霉素、庆大霉素合用,可增大10倍以上疗效	内服、肌内注射均按10毫克/千克体重,12小时1次		
解热镇痛药	氨基比林	解热、镇痛、抗风湿	肌内注射:1次量5～10毫升		忌长期应用
	安乃近	镇痛、抗风湿和解热	肌内注射:1次量3.3～10毫升		忌穴位注射,忌长期应用
抗寄生虫药	左旋咪唑（左咪唑)	高效、低毒驱消化道、肺内线虫、蛔虫、丝虫及猪肾虫	内服:每次每千克体重5～10毫克	28	15毫克/千克体重,时有不良反应
	苯硫咪唑	广谱,对线虫(成虫和幼虫)、绦虫、吸虫有驱除作用	内服:每次每千克体重5毫克		

续表9-4

药物名称		作用与用途	使用方法	休药期（天）	备 注
抗寄生虫药	噻咪唑（驱虫净）	广谱,对胃肠道、肺内线虫均有很好疗效	内服:每次每千克体重15～20毫克;肌内注射:10毫克/千克体重·次		
	丙硫苯咪唑（抗蠕敏）	对家畜体内所有线虫、吸虫、绦虫及蚴、卵都有很好驱除作用（含旋毛虫）	内服:每次每千克体重10～20毫克	14	
	血虫净（三氮脒、贝尼尔）	驱猪附红体、锥虫、焦虫	肌内注射:每次每千克体重5～7毫克		配成5%溶液
	吡喹酮	抗绦虫,治疗猪囊尾蚴病。对成虫、未成熟虫体均有效	内服:每次每千克体重200毫克;肌内注射,每次每千克体重50毫克		
	越霉素	广谱抗生素驱虫,用于猪蛔虫、猪鞭虫	内服:按5～10毫克/吨饲料添加	15	
	伊维菌素（害获灭）	抗生素类,对线虫、昆虫、螨均可驱除	皮下注射:0.3毫克/千克体重	28	
助消化止泻药	人工盐	健胃、助消化、缓泻	内服:10～30克健胃;内服:30～50克泻下		泻下时配以10倍水量
	乳酶生	乳猪止痢、助消化	内服:2～10克		禁止与抗生素、磺胺类配伍
	次碳酸铋	保护肠黏膜、止泻	内服:2～4克		
抗贫血药	硫酸亚铁	补充铁剂,防治贫血	内服:0.5～2克		饮水或拌饲
	硫酸铜	补充铜剂,防治贫血,发育不良	内服:0.2～0.8克		饮水或拌饲
	亚硒酸钠维生素E	补充硒剂,防治白肌病、治疗猪营养性肝坏死	肌内注射:1次量仔猪0.5毫升,育肥猪2毫升		量大可致中毒

第九章 动物疫病预防、控制和猪病防治技术规范

续表9-4

药物名称		作用与用途	使用方法	休药期（天）	备注
强心药	安钠咖	强心、利尿、促兴奋	肌内注射:0.5～1克	28	心动过速忌用
	樟脑磺酸钠	强心、利尿、促兴奋	肌内注射:0.5～1克		仔猪敏感
催情药	雌二醇	催情,治胎衣不下及子宫内膜炎	肌内注射:3～10毫克		食品动物禁用
	Pg600（同期发情激素）	促发情、提高受孕率、产仔数;不发情;妊娠诊断	肌内注射1头份		断奶0～2天 断奶后10天 配种后21～50天内仍不发情者
化学消毒药	氢氧化钠（火碱）	猪舍、场地、车辆、用具、排泄物等消毒（喷洒）	2%～4%溶液		2%以上浓度对机体组织和铝制品腐蚀性强
	来苏儿（煤酚皂溶液）	消毒手指及器械（刷洗）、作非芽孢菌污染的场地、物品喷洒消毒	1%～2%溶液 3%～5%溶液		
	新洁尔灭	皮肤、手臂、外科器械、胶手套等消毒	0.1%溶液		忌与碘剂、肥皂、高锰酸钾、升汞等配合使用
	百毒杀（双链季铵盐）	作饮水消毒可杀灭各种病原微生物	50%溶液5000～10000倍稀释		
		作猪舍、饲具消毒、带猪消毒、紧急消毒等	10%溶液,1000倍稀释		
杀虫、灭鼠药	敌百虫	药浴杀体表寄生虫、喷雾杀猪舍内蚊、蝇、虱、蚤等	1%溶液		遇碱后毒性增强
	磷化锌	让鼠食用,以便灭鼠	3%～5%毒饵 10%～20%毒粉		注意人、畜安全放饵时,做好个人防护

表 9-5 猪病常用中草抗生驱虫药物

类别	作用	药物名称
抗病毒类	广谱	大青叶、板蓝根、鱼腥草、金银花(二花)、青黛、穿心莲、马齿苋、贯众、黄芩、黄柏、栀子、茵陈、地丁、柴胡、青蒿、大蒜、虎杖、甘草、连召、黄药、白药
抗细菌类	广谱	黄连、黄芩、黄柏、大黄、金银花、连翘、栀子、丹参、鱼腥草、穿心莲、大青叶、板蓝根、青黛、地丁、虎杖、蒲公英、茵陈、全蝎、山豆根
	抗葡萄球菌药	金银花、丹皮、黄连、茵陈、黄芩、黄柏、贝母、蒲公英、大蓟、小蓟、贯众、牛蒡子、豆根、仙人掌、地骨皮、生地黄、玄参、田七、枸杞子
	抗肺炎菌药	丹皮、白芨、穿心莲、黄芩、百部、栝楼、花粉、贝母、知母、桔梗、牛蒡子、甘草、豆根、仙人掌、地骨皮、生地黄、玄参、田基黄、白芍、紫菀
	抗肠道菌药	桉叶、丹皮、木香、茵陈、黄连、黄芩、大黄、马齿苋、苦参、秦皮、诃子、五倍子、山楂、穿心莲、大蒜、白头翁、地榆、乌梅、桉叶、茵陈
抗寄生虫类	驱蛔虫药	苦楝根皮、南瓜子、使君子、贯众、槟榔、石榴皮
	驱丝虫药	槟榔、南瓜子、石榴皮、雷丸、贯众、榧子、甜瓜子
	驱钩虫药	川练子(根皮)、槟榔、南瓜子、石榴皮、雷丸、贯众、榧子、甜瓜子
	驱鞭毛虫药	苦参(也可用于治疗疥螨)
	驱绦虫药	雷丸、威灵仙、青蒿、桑叶、马鞭草、槟榔、南瓜子
	驱吸虫药	南瓜子、石楠叶、瞿麦、藜芦、小茴香

十、中小型猪场药物选用原则和用药注意事项及治疗原则

(一)药物选用原则

1. 选择疗效确实、价廉的药物 首先应选择疗效好、显效快的药物;其次,猪是经济动物,又有经济价值,为了增加经济效益,减少药费支出,必须精打细算,选择那些疗效确实,价格低廉,药源充足的药物。如选用抗生素时,要根据药敏试验情况,选择对病原体高敏感药物。一般革兰氏阳性菌对青霉素、红霉素敏感,应选择价廉、药源充足的青霉素;一般革兰氏阴性菌对链霉素、卡那霉素、庆大霉素等敏感,应选择价廉的链霉素。

2. 选择副作用小的药物 有些药物疗效很好,但是不良反应较大,就不能选用。如可待因药物,止咳效果很好,但有抑制呼吸等副作用,就不能选用。要选用不良反应较小,疗效确实的止咳药物,可选用杏仁水(苦杏仁制成),对治疗频咳、气喘等症,疗效极佳。

(二)用药注意事项

1. 要按照兽药使用准则使用兽药 中小型养猪场所用的兽药,必须符合《中华人民共和国兽药典》、《中华人民共和国兽药规范》、《兽药质量标准》、《兽用生物制品质量标准》、《无公害食品 生猪饲养兽药使用规范》、《饲料药物添加剂使用规范》的相关的规定。所购入的兽药,必须来自具有《兽药生产许可证》和产品批准文号的生产企业,或者有《进口兽药许可证》的供应商。

2. 要对症下药,不可滥用药物 每一种药物都有它的适应症,在治疗时,一定要做到对症下药。要选择特效、病原体敏感性高、价廉的药物,以防贻误治疗。

3. 要选择最佳的投药途径 同一种药物,同一种剂量,由于投药途径不同,而产生的药效、治疗效果也不一样。所以,在用药

时,必须要根据病情的轻重缓急、所用药物的性质来确定最佳投药途径。若危重的病例应采用静脉注射或肌内注射来治疗;若肠道感染、腹泻或体内驱虫时,应采用口服投药治疗。

4. 要做到用药"剂量、给药次数、疗程""三准确" 要获得满意的治疗效果,必须使药物在血中尽快达到有效浓度,并维持较长的时间,减少不良反应。因此,用药剂量、给药次数、疗程应当准确,按规定的时间、次数给药。少数药物1次用药即可达到治疗目的,如驱虫药。但是,对多数药物来说,需要反复多次给药才能奏效,如抗生素、磺胺等药物。大多数药物1天给2次或3次,直至达到治疗效果。抗菌药物,必须在一定期限内连续给药,这个期限称为疗程。疗程,根据病情而定。急性病疗程一般为3~5天,症状完全消失可以停药;慢性病或疾病预防,一般7天为一个疗程,并视实际情况决定使用多少个疗程,但每个疗程应间隔3~5天。同时,最好几种药物交替使用。

5. 联合用药与合理配伍 在大多数情况下,联合用药时,可产生协同作用,增强药效,疗效大于各药疗效之和;但也有的产生拮抗作用,各药的疗效减弱;还有的会出现配伍禁忌,产生意外的毒性反应。抗菌药物依作用性质可分为两类:第一类是对病原微生物有杀灭作用的抗菌素,包括青霉素系列、先锋霉素、氨基苷类、杆菌肽,以及多黏霉素等。第二类是对病原微生物有抑制作用的抗生素,包括氯霉素、四环素、红霉素、土霉素,以及磺胺药物等。第一类抗生素之间合用时,杀灭作用增强或相加作用。如"双抗疗法":安痛定注射液、青霉素钾、链霉素混合肌内注射,对猪丹毒、猪肺疫疗效显著。第二类抗生素之间合用时,抑菌作用可相加,但不会出现增强杀灭细菌的作用。如"土、氯疗法":对治疗猪痢疾效果很好。用法就是:同时分别肌内注射土霉素注射液、氯霉素注射液。若第一类抗生素与第二类抗生素合用,则可产生拮抗作用。

6. 要遵守"休药期"制度 食品动物从停止给药到许可屠宰

或它们的产品(乳、蛋)许可上市的间隔时间即为休药期。坚持"休药期"制度是解决产品质量安全的重要手段,是提升市场竞争力的重要措施。休药期内用药动物体内就会存在对人体有害的药物(药残),故不准屠宰上市供食用。

(三)细菌性疾病的治疗原则

治疗猪病时多用抗生素、磺胺类、恩诺酮类、呋喃类和中草药进行治疗。使用这些药物时,应注意以下原则:

1. 用药品种要对症 要首选对该细菌最敏感的药物。疗效确实、价廉。

2. 要使用最大的有效剂量 在有效剂量范围内,要使用大剂量。首次用磺胺类药物应加倍,防止用药量不足而使细菌产生抗药性。

3. 要按用药规程用药 要按首选药的用药规程连续给药。如抗生素药每隔4~6小时给药1次,不能间隔时间过长,防止细菌产生耐药性。为了减少给药次数,也可选用长效土霉素,周效磺胺等药物,进行较长时间的药效维护。

4. 停药时间、方法要科学 要延缓停药时间,要在临床症状消失后,还要继续给抗菌药1天,以防复发和再感染。

5. 防止滥用抗生素药 应有针对性选药。只需一种抗菌药即可得到满意的疗效时则不用两种抗生素药,防止滥用抗生素,使猪只产生抗药性。但在下列场合应考虑配合用药:(1)单一抗菌药不能很好控制的严重感染;(2)混合感染,如严重的烧伤;(3)病因不明的严重感染,如败血症;(4)需长时间用药的疾病,为延迟抗药性的产生,常配合用药。对病原菌尚不明确的严重感染,常选用青、链霉素合用,这样对革兰氏阳性菌和阴性菌、球菌和杆菌都有较好的疗效。对耐青霉素葡萄球菌引起的严重感染,如肺炎、败血症等,可选用红霉素与氯霉素并用。

6. 用中草药治疗时,要选常用量中的大剂量 在大剂量应用中草药治病时，不仅对细菌性和寄生虫性疾病有较好的防治效果，而且对某些病毒性疾病也有一定的治疗效果。而且还不会产生抗药性和有害物质残留。

(四)寄生虫病的治疗原则

要选用驱虫效力较强、低毒的驱虫剂，使用这些药物时，要注意以下原则：

1. 药物的选择 要首选广谱、高效、低毒、无有害残留的药物。

2. 用药的剂量 用药剂量要准确，过量易造成中毒，不足则达不到驱虫效果。

3. 投药的时机 驱除肠道寄生虫时，宜空腹用药，能充分发挥药物效力。投药2小时后，还要内服盐类泻剂，以便促进虫体和虫卵尽快排出。

4. 用药的次数 一般一次给药即可达到驱虫效果。用药不宜过频，以防发生蓄积中毒。

十一、免疫接种技术

免疫接种是激发动物机体特异性抵抗力，使易感动物转化为非易感动物(有免疫力的动物)的一种手段。因此，有计划、有组织地进行免疫接种是预防和控制动物疫病的主要措施。在某些烈性传染病如牛瘟、猪瘟、鸡新城疫、禽流感及家畜口蹄疫等病的防制措施中，免疫接种具有关键性的作用。

(一)免疫接种的分类

根据免疫接种进行时机不同，可将其分为预防接种和紧急接种两大类。

1. 预防接种 在经常发生某些疫病的地区或有某些疫病潜伏的地区或受到邻近地区某些传染病威胁的地区(即为受威胁区)，为了防患于未然，在平时有计划地给健康畜(禽)进行的免疫

第九章 动物疫病预防、控制和猪病防治技术规范

接种,称为预防接种。预防接种,通常使用疫苗、菌苗、类毒素等生物制剂作为抗原激发免疫。根据所用的生物制剂品种不同,而采用皮下、皮内、肌内注射或皮肤刺种、点眼、滴鼻、喷雾及口服等不同的接种方法。接种后经一定时间(数天至3周),可获得数月至1年以上的免疫力。

做好预防接种工作,要注意以下几点:

第一,预防接种,应有周密的计划,做到全国政令统一,不留死角,不留漏洞。每年都要根据国家动物防疫计划和本地区实际情况拟定当年的预防接种计划,使预防接种工作做到有的放矢、有章可循,真正落到实处。

第二,接种前应做好准备工作。预防接种前,应对被接种畜(禽)进行详细的检查和调查了解,特别是要注意其健康与否、年龄大小、是否在妊娠或泌乳。预防接种前还要做好药品、器械的准备,做好要用的疫(菌)苗名称、质量、剂量、有效期、包装、封口的检查。对冻干疫(菌)苗还要检查其真空度,真空度不合格者不能使用。冻干疫(菌)苗应按规定的头份、剂量稀释。常用的稀释液有生理盐水、蒸馏水、氢氧化铝溶液等。严禁用含氯的酸性自来水和热水稀释疫苗。冻干苗稀释后应在规定时间内用完,否则废弃。其他液态疫(菌)苗,启用后应当日用完。若同时注射两种以上疫(菌)苗时,最好用生物药厂生产的二联苗或三联苗,如无联合的疫(菌)苗可分点肌内注射单一苗。但不能把2种以上的单一疫(菌)苗自行混合注射。

第三,要注意预防接种后的反应。给畜禽预防接种后,可能出现以下几种类型的反应。

正常反应:是指因疫苗本身的特性而引起的反应,一般表现为短时间精神不佳或食欲稍减等。

严重反应:和正常反应在性质上没有区别,主要表现为反应程度较严重,或反应动物超过正常反应比例。引起严重反应的原因

可能是某批疫苗质量较差或免疫方法不得当。对此类反应要密切监视,必要时进行适当急救处理。

合并症:是指与正常反应性质不同的反应,主要指活疫苗接种后因机体防御功能不健全或遭到破坏时发生的全身感染和诱发潜伏感染。

第四,制定合理的免疫程序。免疫接种须按合理的免疫程序进行。一个地区、一个畜牧场可能发生的传染病不止一种,而可以用来预防这些传染病的疫(菌)苗的性质又不尽相同,免疫期长短也不一样。而一个地区、一个畜牧场又往往需要用多种疫(菌)苗来预防不同的疫病,这就需要根据各种疫(菌)苗的免疫特性来合理地制定预防接种的次数和间隔时间,这就是所谓的免疫程序。

2. 紧急接种 紧急接种是在发生传染病时,为了迅速控制和扑灭疫病流行,针对疫区和受威胁区尚未发病的畜禽(假定健康畜禽)进行的应急性免疫接种。实践证明,在疫区内和周围受威胁区使用某些疫(菌)苗进行紧急接种,是切实可行的,控制疫病的效果是好的。比如在发生猪瘟、口蹄疫等一些急性传染病时,广泛应用其疫苗作紧急接种,就会取得理想的控制效果。在疫区(指疫点边缘向外延3千米范围内的区域)应用疫苗作紧急接种时,必须对所有受到传染病威胁的畜禽逐头(逐只)进行紧急接种。应对健康无病的畜禽进行紧急接种。对病畜禽及可能已受感染的潜伏期病畜禽,必须在严格消毒的情况下立即隔离,不能再接种疫苗。对已处在疫病潜伏期的畜禽,如果接种了疫(菌)苗,不但不能获得保护,反而会促使它们提前发病。对此,不应视为是接种疫(菌)苗所引起。因此,在紧急接种后的一段时间内畜禽中发病头数反而有增多的可能。由于这些急性传染病的潜伏期较短,而疫苗接种后很快就能产生免疫力、获得保护,因此,发病率不久即可下降,最终使流行很快停息。

紧急接种是在疫区及其周围的受威胁区内进行的。受威胁区

第九章 动物疫病预防、控制和猪病防治技术规范

的大小视疫病的性质而定。某些流行性强的传染病，如口蹄疫等，则在疫区边缘向外延伸5千米的区域划为受威胁区。受威胁区这种紧急接种，其目的是建立"免疫带"包围疫区，有利于就地扑灭疫情。但这一措施还必须与疫区封锁、隔离、消毒等综合措施相配合，才能取得较好效果。

(二) 免疫接种的方法

1. 经口免疫法 主要有饮水和喂料两种方法。经口免疫应按畜禽头(只)数计算饮水量和采食量，停饮或停喂半天。然后按实际头(只)数的150%～200%加入疫苗，以保证饮、喂疫苗时每个畜禽个体都能饮用一定量的水和吃到一定数量的饲料，得到充分免疫。此法，目前广泛应用在集约化猪场和鸡场。

此法省时、省力，适用于大群免疫。但每头(只)畜禽食(饮)入的疫苗量不能像其他免疫方法那样准确。另外，疫苗应用冷开水稀释，最好不用城市自来水稀释。如果必须用，则应事先将自来水存放1天后再用，以减少氯离子对疫苗的影响。

2. 注射免疫法 常用的有皮下接种、皮内接种、肌内接种及静脉接种等方法。针头要求一猪(舍)一个，防止相互传染。

(1) 皮下接种法 是将疫(菌)苗液注射于皮下结缔组织内。皮下接种部位：马、牛、羊在颈侧部位；猪在耳根后方；家禽在胸部、或大腿内侧。方法是用左手捏起局部皮肤，形成皱褶，右手持注射器，由皱褶的基部刺入，在皮肤和肌肉之间的组织内进针2～3厘米即可。

(2) 皮内接种法 是将疫(菌)苗液注射于皮肤的表皮与真皮之间。皮内接种部位要选择动物不易摩擦及舔咬部位。马在颈侧、眼睑部；牛、羊除颈侧外，还可以在尾根或肩胛中央部位进行；猪在耳后方，鸡在肉髯部。皮内接种方法是以左手捏起皮肤成皱襞，右手持注射器，呈30°角或几乎水平角度刺入皮内，缓慢注入疫(菌)苗液(一般不超过0.5毫升)，推注疫(菌)苗液时感到费力，

同时可见到术部隆起一个小疱。注射完毕尚须用棉球轻轻地压迫针孔片刻,以免疫(菌)苗液外溢。

注意事项:皮内注射疼痛较剧烈,必须确实保定;针入皮内,如果推疫(菌)苗液容易,表明注于皮下,应重新刺入;注射完毕不可压迫小疱。

(3)肌内接种法 是将疫(菌)苗液注射于肌肉内。肌肉接种部位:马、牛、猪、羊一律在臀部或颈部,鸡可在胸部或大腿内侧。肌内接种法是:左手固定术部,右手持注射器,垂直皮肤迅速刺入肌肉内,抽回活塞,检查有无血液,如刺入正确,推动活塞注入疫(菌)苗液。

注意事项:注射部位必须正确,不能注入皮下或血管内。

(4)静脉接种法 是将疫(菌)苗液直接注入静脉管内。接种部位:马、牛、羊均在颈静脉沟上1/3与中1/3的交界处。因为此处肌肉较薄,并由肩胛舌骨肌隔离静脉与动脉,静脉比较浅在,操作时容易确定。猪、兔在耳静脉,鸡在翼下静脉,小白鼠在尾静脉。兽医生物制品中的免疫血清除了皮下注射和肌内注射外,均可静脉注射。疫苗、诊断液一般不能作静脉注射。其优点是可使用大剂量、奏效快,可及时抢救患畜;缺点是要求一定的设备和技术条件。此外,如用异种动物血清,可能引起过敏反应(血清病)。注意事项:针头要确定刺进血管内,且不可注入气泡。

3. 滴鼻、点眼免疫法 本法是将配制好的疫苗液滴入鼻内或点入眼中的一种免疫方法。适用于雏鸡接种活毒疫苗。优点是产生免疫力整齐、均匀、且节省疫苗;缺点是要逐只接种,比较费时、费力。

4. 气雾免疫法 此法是通过气雾发生器将稀释的疫苗喷射出去,使疫苗形成直径1~10微米的雾化粒子,浮游在空气中,通过呼吸道吸入肺内,以达到免疫接种的目的。其优点是省时、省力、适用于大群动物的免疫。但要加大疫苗用量2~3倍。同时,

第九章 动物疫病预防、控制和猪病防治技术规范

应注意有时可能诱发畜禽呼吸道疾病。

气雾发生器由喷头及动力机械组成。喷头有对口式、平等式两种。压缩空气的动力因地制宜,可利用各种气泵或用电动机等。压力要求每平方厘米 2 千克以上,才能达到使疫苗液雾化的目的。

(1)室内气雾免疫法 免疫时,疫苗用量主要根据房舍大小而定。

疫苗用量计算好以后,用生理盐水将其稀释,装入雾化器瓶中,将动物赶入室内,关闭门窗。操作者将喷头保持与动物头部同高,均匀喷射。喷射完毕后,让动物在室内停留 20～30 分钟。操作人员要注意防护,戴上大而厚的口罩。如操作人员出现发热、关节酸痛等症状,应及时就医治疗。

(2)野外气雾免疫法 此法的免疫用量依动物数量而定。以羊为例,如 1 000 只羊,每只羊免疫剂量为 50 亿活菌,则需 50 000 亿,如果每瓶疫苗含活菌 4 000 亿,则需 12.5 瓶,用 500 毫升灭菌生理盐水稀释。实际操作时,往往要比计算用量略高一些。免疫时将动物群赶入四周有矮墙的围栏内,操作人员手持喷头,站在动物群中,喷头与动物头部等高,朝动物头部方向喷射。操作人员要随时走动,使每一动物都有机会吸入。如遇微风还应注意风向。操作者应站在上风头,以免雾化粒子被风吹走。喷射完毕,让动物在圈内停留数分钟即可放出。进行野外气雾免疫时,操作者应注意个人防护。

第十章 中小型猪场的经营管理

先进的科学技术和科学的经营管理是推动规模化、商品化养猪场发展的两个车轮。从发展养猪业的历程来看,尽管我国的养猪业生产形势有起有伏,市场行情时好时差,但总是有一些养猪场在盈利,而另一些养猪场在亏损,究其原因,养猪场的盈亏取决于其生产水平和经营水平的高低。

一、猪场经营管理的概要

(一)猪场经营管理的概念

猪场的经营管理,是指为实现一定的经营目标,按照猪只生长的自然规律、经济规律,运用经济、法律、行政及现代科学技术和管理手段,对猪场的生产、销售、劳动报酬、经济核算等活动进行有效地计划、组织、调控的一门科学。其核心是充分、有效地利用猪场的人力、物力和财力,以期达到高产、优质和高效的目的。

(二)猪场经营管理的特殊性

养猪生产是动物产品的再生产。因此,猪场的经营管理与其他企业的经营管理相比,有其特殊性:

一是,养猪生产依附于种植业,依靠植物产品。饲料为其提供养料,同时它又为种植业提供大量的有机肥料。养猪生产的快速发展也带来了环境污染问题。因此,养猪场的经营管理中既要抓好饲料供应的管理,达到高产、优质、高效的目的,又要积极推广生物发酵床零排放养猪法,搞好秸秆"过床还田",从源头上搞好粪污处理,促进生态良性循环。

二是,种猪是养猪生产的生产资料,猪场经营管理中一定要按照猪只生长的生物学特性,抓好种猪的生产管理,并保持合理的核心母猪群的胎次结构,充分发挥其生产性能。

三是,猪是动物,是动物就会感染疾病或死亡。因而猪场经营管理中,要特别重视防疫灭病和卫生消毒防疫工作,做到无病先防。发生传染病时采取"双轨运行(行政轨为各级人民政府;业务轨为各级人民政府兽医主管部门)、群防群控"措施,就地扑灭疫情。把健康和"无病先防"、及时地进行防疫放在重中之重的地位。

四是,猪的自然再生产与养猪业经济的再生产在猪场的经营管理中是交织在一起的。所以,既要按照猪的生长、发育、繁殖的自然规律办事,又要遵循各种经济规律,进行有效地组织、调控。

五是,养猪生产的产品是鲜活商品,生猪出栏后应及时销售,以便节约饲料,并加速资金周转。因此,在猪场经营管理中,不但要做到均衡批量生产,而且还要抓好生猪的流通和经营销售工作。

二、中小型猪场的计划管理

养猪场,作为一个实体存在,就要完成有序的生产组织过程,其具体的表现形式就是对生产过程的计划管理。只有进行有序的计划管理,才会将众多的生产要素、生产环节按照养猪生产规律,经济规律科学而合理地组织起来,使各项生产指标达到预期水平,获得应有的经济效益。

(一)计划管理的基本内容

一个猪场的计划,从时间上划分为三类,即长期计划、年度计划和阶段计划。三种形式的计划各有侧重。每类计划中包括生产计划、劳动计划、物资供耗、成本计划、财务计划、产品销售计划。

1. 长期计划 一般指 5 年计划。该计划要求从整体上反映出猪场 5 年内的发展方向、生产规模、生产水平和效益水平,勾画出猪场发展的蓝图。目的是对生产建设进行全面、综合、长期安排,避免生产的盲目性,同时又可增加企业职工的信心、凝集力和爱岗敬业精神。

2. 年度计划 按1年内的时间顺序安排的各项计划,是根据当年实际情况制定的,是猪场生产和经营的基本计划。与长期计划相比,它更详尽、更具体、更准确。它必须能反映出当年生产的全面性和实际情况,是指导当年生产经营的纲领。年度计划包含以下内容。

(1)生产计划 年度生产计划是反映猪场最基本的生产经营活动。是猪场各项计划的中心,也是制订其他计划的依据。该计划详尽地确定了各阶段猪只的饲养量、产品产量及各阶段猪群周转变动情况。制订本计划可按表10-3、表10-4、表10-5和表10-6进行。

(2)劳资计划 该计划是反映猪场用人总数、工资总额、各部门工资分配总额及人均水平。

(3)物资供耗计划 该计划是反映年度内投入各项物资的数量和时间及各项物资消耗数量的时间表。目的是对全年的物资需求、资金需要、采购渠道及运输贮存等做出全面安排。

(4)基建、科技计划 该计划是反映本年度进行的基建或技术改造项目的具体内容与时间表、各阶段资金投入量和投入使用后的效益分析。

(5)生产费用、产品成本计划 该计划是反映本年度各生产阶段的费用成本、总费用成本及其支出时间、数额。其主要项目有:饲料、工资、福利、兽药、燃料、水电、固定资产折旧、管理费、财务费、销售费等。在做此计划时,要注意费用与成本的区别:当流动资金的占用量变化很小时,当年的费用与成本可以认为是相等的;当流动资金的变化较大(如存栏量变化较大)时,费用与成本不等,应分别计算。

(6)财务计划 是对猪场全年一切财务的收支进行全面核算,保证生产对各项资金的需要和合理使用。主要内容包括:财务收支、销售收入、年度利润、资金周转和资金信贷等。

(二)几种主要计划的编制方法与落实措施

1. 编制计划所需的资料与依据 编制计划需要猪场内部资料和外部资料。外部资料是指国家农业政策和养猪政策,市场情报与预测,其中最重要的是饲料行情与商品猪市场预测资料,同行业的生产水平、经济指标和发展趋势等。内部资料主要有本场近年生产指标、经济指标和各项原材料消耗定额等。定额是指猪场在进行生产活动时,对人力、物力及财力的配备、占用或消耗,及相应的生产标准。在编制计划过程中,各项生产指标是根据定额计算而确定的。合理的定额是使计划符合实际又有先进性的关键。猪场生产定额一般有以下几种:

(1)劳动力配备定额 是指在一定的生产技术条件下,从事某项工作所规定的人力占用标准。即人均养猪头数、不同阶段人均养猪头数、人均生产商品猪头数和后勤人员配备标准等。

(2)劳动定额 是指完成一定工作量所需要的劳动力消耗标准。如生产每头商品猪所消耗的劳动力工时数。

(3)猪舍及设备利用率定额 是指完成一定数量的任务应配备的猪舍面积和设备数量。例如:每平方米的饲养量、出栏头数、产值利润等。不同的生产方式和规模,此定额有很大的差距,其数值应根据具体情况而定。

(4)物资消耗定额 是指每生产一定数量的产品或完成某项工作任务应消耗的原材料的数量。例如:每生产一头育成仔猪消耗的饲料总量。某生产阶段的饲料增重比。

(5)工作质量和产品质量标准 是指按工作岗位或饲养阶段制定的有关指标,如受胎率、产仔数、成活率、增重速度、出栏率、产品等级等。各工作质量标准见表10-1。

表 10-1　中小型养猪场饲养与经营质量标准表

阶　段	项　目	单　位	参考数据
公　猪	占栏面积	米²/头	7～9
	日耗配合饲料	千克/头	3.0
	适宜公、母猪比例	公∶母	1∶20～25
空怀、妊娠母猪	日耗配合饲料	千克/头	2.0～2.5
	情期受胎率	%	85 以上
	受胎分娩率	%	95 以上
	窝产全仔数	头	11.5
	窝产活仔数	头	11.0
	窝产健仔数	头	10.5
	产仔间隔	天	171
哺乳母猪	日耗配合饲料	千克/头	4.5～5.5
	断奶成活率	%	90～95
	断奶日龄	天	35～42
	断奶体重	千克/头	7.0～8.0
	哺乳期补料量	千克/头·期	3.0～4.0
育成阶段	日耗料量	千克/头	0.7
	成活率	%	96
	日增重	克/头	400～430
	肉料比	增重∶耗料	1∶2
	70 日龄体重	千克	23
生长肥育猪 (70～190 日龄)	日耗料量	千克/头	2.0
	死亡率	%	2
	肉料比	增重∶耗料	1∶3.2～3.5
	日增重	克	630(以上)
	出栏日龄	天	190(以内)

第十章 中小型猪场的经营管理

(6)财务定额 是指为完成一定的生产任务应消耗或占用的财力标准及应达到的财务指标。例如:固定资金占用额、流动资金占用额和各阶段产品成本、利润、产值等。

在市场经济条件下,除准确计算内部资料外,要特别注重外部市场的变化和预测。因为我们要以市场为导向制定产品质量标准和生产数量,要以市场的供求关系确定饲料及产品预计价格。其准确性是实现计划管理目标的基础和前提。

2. 制订计划的方法 计划管理的目的是使生产管理与经营者心中有数,便于找出生产过程中存在的问题及原因,是提高经营管理的重要方法。应坚持的原则:一是正确确定定额水平。详细整理以往有关的技术、经济统计资料,确定本猪场、本年度应达到的定额标准。二是定额标准应具有先进性,同时应具有可行性。

生产计划是根据生产任务、特定工艺流程和实际生产条件来确定的。编制生产计划时,首先从猪群存栏计划开始(表10-3),然后是出栏计划(表10-6),有了这两个计划就有了编制其他计划的基础。存栏和出栏计划主要受猪场设计生产能力、实际生产能力、现存栏猪群数量及结构、商品猪销售合同的影响。例如:某100头基础母猪规模的猪场实际生产能力为1 500头,上年末存栏1 000头,本年度销售任务1 500头,那么该猪场的存栏应保持稳定。为了保证完成任务及存栏平衡,根据母猪数、窝产仔数、各阶段成活率指标计算出应产仔窝数;再根据产仔间隔、分娩率、受胎率、待配母猪配种率计算出应保持可配母猪数及各月配种母猪头数;根据出栏任务计算出猪只的增重速度,并由此计算出各阶段饲料用量及资金周转计划时间表。具体编制要求可参见表10-2至表10-11。具体数额结合本场实际确定。

表 10-2 猪场长期发展计划表

年度	职工总数（人）	存栏总数（头）	出栏头数			基建或技改		全场		劳均			技术研究项目
			种猪（头）	仔猪（头）	商品猪（头）	内容	投资额（万元）	资金来源	产值（万元）	利润（万元）	产值（万元）	利润（万元）	个人收入（元）	

表 10-3 猪场年度月份存栏计划表

年度：　　　　　　　　　　　　　　　　　　单位：头

猪群＼月份	种公猪		种母猪		哺乳仔猪	育成仔猪	生长猪	肥育猪
	成年	后备	成年	后备				
1								
2								
3								
4								
5								
6								
7								
8								
9								
10								
11								
12								

第十章 中小型猪场的经营管理

表10-4 母猪配种、受胎、分娩计划表

年度： 单位：头

年度	项目\月份	可配母猪数		受配母猪数		受胎母猪数		分娩母猪数		达标产仔窝数	
		成年	后备	成年	后备	成年	后备	经产	初产	经产	初产
上年	9										
	10										
	11										
	12										
本年	1										
	2										
	·										
	·										
	11										
	12										

注：达标产仔窝数是指产仔数、健壮仔猪数达到本场基本指标的产仔窝数。

表10-5 产仔成活及仔猪培育计划表

年度：

年度	项目\月份	产仔窝数		窝产活仔数		产活仔总头数（头）	断奶成活率（%）	断奶仔猪数（头）	培育成活率（%）	成活仔猪数（头）
		初产（窝）	经产（窝）	初产（头）	经产（头）					
上年	10									
	11									
	12									
本年	1									
	2									
	3									
	·									
	·									
	11									
	12									
本年度合计										

表 10-6　商品猪出栏计划表

年度：

月份	出栏头数（头）	平均头重（千克）	总重量（千克）	预计价格（元）	预计总收入（万元）
1					
2					
3					
⋮					
⋮					
⋮					
10					
11					
12					
合计					

表 10-7　劳动工资计划表

年度：

项目\月份	场长		财会		技术员		饲养员		其他		合计		人均	
	人数（人）	工资（元）	人数（人）	工资（元）	人数（人）	工资（元）	人数（人）	工资（元）	人数（人）	工资（元）	人数（人）	工资（元）	养猪数（头/人）	工资额（元/人）
1														
2														
3														
⋮														
⋮														
11														
12														

第十章 中小型猪场的经营管理

表 10-8 饲料消耗数量表

年度： 单位：吨

饲料种类 月份	公猪		母猪				仔猪		生长育肥猪		合计
	成年	后备	后备	空怀	妊娠	哺乳	哺乳	育成	前期	后期	

表 10-9 基建或技改项目计划表

年度：

项目名称	项目类别	开始时间	完成时间	建设规模	投资数额	资金来源	实施效果

表 10-10 年度、月份生产费用与产品成本计划表

项目＼猪群	总饲养日（天）	生产费用（元）													产品成本		
		饲料费	工资费	福利费	医药费	燃料费	水费	电费	工具费	运输费	贷款利息	折旧费	管理费	维修费	其他费用	合计	饲养日（天）	阶段成本 元/头	累计成本 元/头 元/千克
公猪																		
空怀母猪																		
妊娠母猪																		
哺乳 母猪																		
哺乳 仔猪																		
阶段合计																		
仔猪育成																		
生长育肥																		
总合计																		
5周龄仔猪																		
10周龄仔猪																		
18周龄生长猪																		
26周龄肥育猪																		

第十章 中小型猪场的经营管理

表 10-11　财务收支与经济指标计划表

年度：　　　　　　　　　　　　　　　　　　　　　　单位：万元

收入		支出		经济指标	
项目	数额	项目	数额	项目	数额
仔猪		饲料		商品产值	
肉猪		工资		总产值	
种猪		医药		销售额	
粪肥		福利		实现利润	
固定资产		工具		上缴税金	
折旧费		燃料		产值利润率	
信贷		电力		资金占用利润率	
屠宰费		水			
加工费		管理费			
其他		运输			
		折旧			
		维修			
		设备购置			
		培训			
		基建			
		其他			
合计		合计			

3. 计划的贯彻、落实　编制猪场生产计划，要尽力做到既符合客观实际，又有利于提高生产水平和经济效益。作为一种计划，它毕竟是一种设想，这仅仅是计划管理的开始，而大量的工作是计划的贯彻、落实。在计划实施的过程中，要及时总结经验、教训，努力克服薄弱环节，是计划管理不可缺少的组成部分。

猪场各项总计划是由生产过程中各阶段的计划组成的。只有各阶段计划得到充分保证，总计划才能得到贯彻落实，这更是要依靠猪场全体职工的共同努力才能达到。具体贯彻落实方法是：将总任务目标按生产工艺阶段进行分解，并与各工作岗位相结合，落实到职工。还要规定各项指标完成后怎样与岗位收入挂钩，也就是岗位经济责任制。具体过程是：

(1) 把计划指标层层分解、落实到各岗人员身上　指标分解就是将总任务按科学计算与实际条件分解成各阶段指标。例如：将全年出栏商品猪的头数分解为应配种的母猪头数、受胎率、分娩率及应产仔窝数和各阶段的成活率、增重速度等；将全年的饲料消耗量分解为种猪、仔猪、育成猪、生长猪、育肥猪的饲料消耗量及相应阶段的料肉比等。将分解后的指标任务，明确地落实到各岗位人员身上。

(2) 制定严格的考核分析制度　考核，就是按计划的时间表检查阶段性任务完成情况，进行分析对比，衡量任务完成的程度，找出差距，分析原因，解决问题，开创新局面。考核要尽力做到全面、客观。要尽可能用量化数据来描述。例如考核种猪繁殖情况，要用受胎率、分娩率、产仔数、成活率和断奶重；考核生长肥育猪，应使用增重速度（实践中，常使用饲养天数与出栏体重）、料肉比（可用测定圈定期测定）和本期饲养成活率等。

(3) 坚持奖惩兑现原则　在严格考核的基础上，分清优劣，总结经验。对成绩优秀者，给予奖励，对未完成任务者，要给予适当批评教育，使之成为努力的工作者。只有这样，才能调动积极性，产生凝集力，促进计划的完成。

4. 计划的检查与调整　检查计划完成情况是顺利完成计划的重要手段。检查的目的是分析目前的生产情况及其与计划的符合程度，得到客观综合的评价，以便找出差距，总结经验，解决问题。必要时，调整计划指标。只有经常地进行检查，不断地进行改进和提高，才能使生产经营运转正常，确保计划的完成。

对于反映生产水平、计划任务的主要指标可每月检查1次；对于包括生产水平和经营状况的全面指标，可每季度检查1次；半年进行1次全场经营状况的总结，并向职工分析汇报，找准问题，提出解决问题的具体措施。

三、中小型猪场的劳动管理

中小型养猪场的劳动管理,主要包括建立合理的组织机构、岗位分工及岗位责任与待遇。劳动管理的目标是分工明确、责任明确和待遇明确。其目的使上岗人员工作任务饱满、相互协调、各负其责、充分调动职工爱岗敬业、完成本职工作任务的积极性,实现生产总目标。

(一)人员配置与岗位分工

中小型养猪场,不管其规模大小,都应有明确的人员配置与岗位分工。现以100头基础母猪的小型养猪场为例,岗位设置及其职责如下。

1. 场长 场长1人。场长应有法人资格。在国家政策和猪场规章范围内,场长对猪场生产和经营活动有决定权和指挥权,在其职权范围内对职工有管理权。同时,对猪场的发展与盈亏负有经济责任,对产品的安全性负有社会责任。

2. 会计 会计1人。按会计要求与猪场财务规定,负责猪场所有经济活动的报账、记账和结账;资金管理与核算,生产成本的管理与核算,生产成果与利润核算;在财务分析的基础上,向场长提供有关财务信息,提出合理化建议等;在中小型养猪场,会计还要兼职生产统计工作。

3. 技术员 技术员1人。负责全场日常技术工作,包括制订生产计划、技术措施及其落实,生产技术统计和资料的分析,并向场长提出技术上的合理化建议等。

4. 种猪饲养员 种猪饲养员1人。按饲养规程负责种公猪、妊娠母猪和空怀母猪的饲养。

5. 产房与育成仔猪饲养员 产房与育成仔猪饲养员3人。按规程负责哺乳母猪、仔猪和育成猪的饲养。

6. 生长肥育猪饲养员 生长肥育猪饲养员2人。按规程负责生长肥育猪的饲养。

7. 后勤人员 按要求负责饲料采购、运输、加工和圈舍维修等。后勤人员,要根据猪场是否自行加工饲料而定,若不加工饲料一般1人即可。

一个100头基础母猪年产1 500头商品猪小型猪场,全场人员编制10人。

(二)工资制度与经济责任

1. 工资制度制订 工资制度制订是否合理是关系到猪场生产能否高效、优质运转的大事。目前,较符合我国中小型养猪场实际的工资制度是:基础工资＋职务工资＋奖励工资,由固定部分和变动部分两部分组成结构工资制度。基础工资是较为稳定的收入,其数额主要根据岗位的重要性、岗位的工作量而定;职务工资也是相对稳定的收入,其数额主要根据所兼职务责任大小、地位高低而定;而奖励工资是工资的变动部分,其数额主要根据其岗位工作完成的数量与质量和全场总体经济效益的大小而定。每个岗位工资固定部分的具体数额应在年度之初给予明确,让职工心中有数、有奔头,激发其劳动积极性;变动部分的数额只明确计算方法,而不明确数额。

2. 经济责任制 经济责任制是以调动职工积极性,提高猪场经济效益,增加职工收入为目的,将岗位责任(分工)、市场风险、个人收入三者相联系,摆正猪场与职工经济利益关系进行合理分配的一种制度。实践证明,经济责任制在加强管理、调动职工积极性、提高生产效率及经济效益方面发挥了很大的积极作用。

(1)建立经济责任制的原则

①要明确工作内容及责任范围。制定每个岗位的经济责任制要明确其工作内容和责任范围,主要从4个方面来考虑,即责任范围、管理要求、协作关系、保证条件,依次地制定出明确的工作标准。内容要具体、指标要数量化。

第十章 中小型猪场的经营管理

制定指标要注意合理性、先进性、简洁性,否则就不会发挥作用,失去建立经济责任制的意义。

②要建立健全严格的考核制度。严格的考核制度是落实经济责任制的重要手段。没有完善的考核制度,再科学、高效的责任制也会流于形式。可每月组织一次统计及现场考核,半年奖金兑现一次(进行大总结、大找差距、大表扬、大奖励、鼓舞士气、开创工作新局面)。全年结算奖励工资。

③要建立合理的奖励兑现制度。基础工资和职务工资是相对稳定的收入,其数额应占总收入的 40%~60%,不同的岗位其数额也是不同的。奖励工资应占年利润的 5%~8%。这项收入的变动主要依据是工作完成的数量、质量及协作性。

(2)养猪场经济责任制的基本内容 主要有以下四项:岗位名称、岗位范围责任、考核指标和奖励办法。岗位名称就是指某范围工作的名称,例如场长、会计、技术员、母猪饲养员等;岗位范围责任就是规定某岗位的工作与责任范围,例如母猪饲养员负责母猪舍的卫生、饲喂、正常供水,观察母猪发情、及时配种、转移猪群、做好记录等。每项任务具体操作要求依据饲养管理规程;考核指标就是规定每项工作达到的标准,能用数据表示的尽量使用数据指标,它是衡量工作质量的尺度,例如母猪配种受胎率、仔猪成活率和断奶体重等。奖励办法就是根据考核指标制定的奖励工资的具体方法、数量和时间。例如年仔猪成活率以 88% 为基础,每上升 1% 对母猪饲养员每人奖励 100 元等。可按表 10-12 详细填写。

表 10-12 经济责任制项目表

年度:

岗位名称	岗位范围责任	考核指标	奖励办法
场　长			
会　计			
技术员			

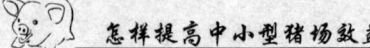

续表 10-12

年度：

岗位名称	岗位范围责任	考核指标	奖励办法
种猪饲养员			
产房饲养员			
育成饲养员			
后勤人员			
备 注			

四、中小型猪场的财务管理与成本核算

(一)财务管理

猪场的财务管理,是根据国家政策、法令和企业的具体经营特点与环境,按照资金周转规律对资金的筹集、运用、回收和分配进行科学而有计划的组织和控制,并由此引起的经济关系。财务管理的目的是正常高效地运用资金,并据此加强生产过程的综合管理,争取获得最大的经济效益。

1. 财务管理的原则 可以概括为三句话,即确定岗位责任、综合平衡和责权利相结合。

(1)确定岗位责任 分别确定会计工作中的财务管理与会计核算的岗位责任,是建立科学的财务工作秩序的前提。会计核算,是运用专门的方法对企业资金及其变化情况进行连续、系统、完整的记录和核算,并反映、监督其变化过程,也就是记账、算账、分析和报账;财务管理,是根据生产经营需要对资金及其变化进行组织、计划和控制,及时筹措和合理使用资金。

(2)综合平衡 财务管理在企业管理中具有综合管理的特点,任何一项生产经营活动都能反映出资金的增减变化。通过对生产经营活动的各环节进行资金上的增减控制,实现各项活动的协调,平衡财务收支。

(3)责权利相结合 养猪生产活动与经营必须以一定的资金

第十章 中小型猪场的经营管理

为基础,才能进行。如场长,拥有对资金的使用权,同时承担一定的经济责任,也得到了一定的经济利益,三者必须相结合才会使资金发挥最大的作用,使生产和经济效益得到协调发展。

2. 抓好财务管理的基础工作 为了切实搞好财务管理工作,应重点抓好财务管理的各项基础工作,否则就会造成核算数据不真实,资金利用效率低,账面失真,提供错误信息,导致决策失误。

(1)建立健全财务管理制度 财务管理制度是财务收支活动的依据,是处理各种财务关系的准则和管理生产经营活动的规范。一般包括固定资金、流动资金、专用资金、成本和利润管理方面的财务管理制度,以及财务计划、预决算、物资出入库手续、计量与验收、财务收支标准与审批、财务检查与分析和原始记录等。

(2)建立健全必要的原始记录项目 原始记录是按照一定要求和表格形式,记载生产经营活动的各环节真实情况的最初书面文件,是反映猪场生产经营全面情况的第一手资料,是一切检查、核算、分析判断的基本依据。没有真实、完善的原始记录,猪场的财务管理将是混乱和无效的。

中小型养猪场应根据自身生产工艺的设计与管理特点,建立一套既能全面、真实反映生产经营过程,又简单实用的原始记录表,分发到相应岗位,并按要求及时、认真、准确地填写。对这些原始记录要定期收回,并集中进行检查与预算,发现问题及时纠正。

具体表格应分三大类:

①实物管理表 例如饲料原料出入库及库存管理表、药品出入库及库存管理表、低值易耗物品出入库及库存管理表、猪群存栏变化表、商品猪及其他猪只出栏记录表和固定资产管理表。

②收支管理表 将各项收支合理分成必要科目,分别记录其收支情况。分科目可按成本核算的收支项目设置科目。

③期末报表 是指依据上两类原始记录整理后得到的、能够反映猪场全面生产经营状况的报表,其用途是对期内生产经营情

况做出准确、正确的评价。

现设计 5 个用于猪群、成品料消耗的记录表供参考。见表 10-13 至表 10-17。其他类别的表格可根据本猪场具体情况设计。

表 10-13 妊娠、空怀母猪群存栏与饲料消耗记录表

年　　月

日期	正常配种（头）		返情配种（头）		转入母猪（头）		转出母猪（头）				存栏母猪（头）				饲料用量（千克）	
	初配	复配	初配	复配	后备	断奶	待产	淘汰	死亡		后备	妊娠	空怀	合计	1号	2号
1																
2																
…																
30																
31																
合计																

填表人 _____

表 10-14 哺乳母猪群记录表

年　　月

日期	转入待产母猪（头）	转出母猪			转出仔猪			当日产仔		存栏头数（头）				饲料用量（千克）	
		断奶（头）	淘汰（头）	死亡（头）	窝数（窝）	头数（头）	总重（千克）	死亡（头）	窝数（窝）	活仔数（头）	待产母猪	哺乳母猪	哺乳仔猪	合计	母猪饲料	仔猪饲料
1																
2																
3																
4																
…																
30																
31																
合计																

填表人 _____

第十章 中小型猪场的经营管理

表 10-15 育成猪记录表

年　月

日期	转入断奶仔猪			转出育成猪		死亡		存栏总数（头）	饲料用量（千克）		
	窝数（窝）	头数（头）	总重（千克）	头数（头）	总重（千克）	头数（头）	总重（千克）		1号	2号	合计
1											
2											
3											
.											
.											
.											
30											
31											
合计											

填表人 ＿＿＿＿＿

表 10-16　生长育肥猪群存栏及饲料消耗记录表

年　月

日期	转入		出栏		留种		淘汰		死亡		存栏总数（头）	饲料用量（千克）		
	头数（头）	总重（千克）	头数（头）	总重（千克）	头数（头）	总重（千克）	头数（头）	总重（千克）	头数（头）	总重（千克）		前期料	后期料	合计
1														
2														
3														
.														
.														
.														
30														
31														
合计														

填表人 ＿＿＿＿＿

怎样提高中小型猪场效益

表 10-17　存栏情况月报表

报表时间：_____

猪群类别		头数（头）	平均体重（千克/头）	总重（千克）	单价（元/头）	总价（元）	备注
种公猪	成年						
	后备						
	合计						
种母猪	成年						
	后备						
	合计						
生长肥育猪	25~35 千克						
	35~60 千克						
	60~100 千克						
	合计						
哺乳仔猪							
育成仔猪(8~25 千克)							
总合计							

填表人_____

注：只对育成猪和肥育猪分类估重，并按相对稳定的成本价计算单价；种猪按头计价，育成猪和生长肥育猪按千克计价

(3)建立健全科学的定额管理　财务上的定额管理是猪场进行生产经营活动管理的基本方法。例如每生产一头商品猪所应占用的猪舍和设备、人工、饲料数量和饲料成本、其他成本。每出栏 1 头商品猪应得到的利润等。这是猪场财物管理的基础和依据，没有猪场的定额财务管理就会失去其合理性，使管理水平和经济效益受到很大影响。

(4)认真做好计量工作　计量工作是猪场一项重要和经常性工作。对生产过程中各种投入和产出进行准确计量，不仅为生产

第十章 中小型猪场的经营管理

管理、科学试验及先进技术推广应用提供了依据,同时也是财务管理的经常工作。猪场使用或消耗的财产物资,各种消耗性原材料都必须进行实物计量,才能确定其价值,才能够记录。没有完善的评价计量制度就不会有真实可靠的原始记录。同时,也不会有整理分析结果,这会使财务管理失去其真正的意义。尤其是中小型养猪场一般不重视此项工作,这应引起中小型养猪场经营者注意。

做好计量工作的关键是要有专门制度、专人负责、专用工具和专用表格,并经常检查,发现问题及时纠正。

(二)资金管理与核算

资金管理、资金核算是猪场财务管理的重要组成部分。加强资金管理,有利于保证猪场生产经营资金的需要、加速资金的周转,以期达到以少的资金占用和消耗,取得尽可能多的生产经营成果。

1. 猪场资金的概念、构成和分类 猪场用于支付各项费用进行商品交换的货币统称猪场的资金。猪场使用资金可分为3类:一是为房舍和设备占用的固定资金。二是猪群、饲料、药品等占用的流动资金。三是账户存放的有专项用途的专项基金等。固定资金占用的表现形式为固定资产;流动资金占用的表现形式是流动资产;专项资金的账户中待用的是专项货币。

2. 提高资金使用效率的积极措施

(1)提高固定资金的利用率 在固定资产投资前应进行科学的论证、评估。其论证的内容包括市场可行性、生产工艺技术的经济可行性,选择适当的建筑形式和设备水平,确保从根本上保证固定资产投资的高效率。对于中小型养猪场来说,固定资产一般投资不要过高,因其规模效益较差。

(2)提高流动资金使用效率 就是设法降低流动资金的占用额。例如,较低的存栏、较高的出栏率、较少的饲料库存且能保证供应,提高生产效率加快流动资金周转速度等。

(3) 专项资金要做到专款专用,不得挪用 如猪场的更新改造,大修理和专项技术推广等资金应及时保证到位,否则会造成影响生产和效益的严重后果,应引起重视。

3. 资金核算 资金核算是经济核算的重要内容,是通过相关的指标计算来衡量固定资金、流动资金的利用效果,并找出资金在利用过程中存在的问题及解决方法。

(1) 固定资金的核算 可分为固定资金的利用核算和固定资产折旧核算。利用计算的指标有:设备利用率、设备生产量、固定资金产值率、固定资金盈利率。计算方法如下。

① 设备利用率 是指设备实际使用天数与日历天数的比率。

$$猪舍、设备时间利用率 = \frac{每年使用总天数}{365} \times 100\%$$

② 猪舍生产量 是指计算期出栏商品猪头数与猪舍面积的比。

$$猪舍生产量(头/平方米) = \frac{计算期产品产量}{猪舍面积}$$

③ 固定资金产值率 说明单位价值的固定资金在一定时期内生产的总产值。

$$固定资金产值率 = \frac{总产值}{固定资金平均原值(百元)}$$

④ 固定资金盈利率 衡量单位固定资金提供的盈利。

$$固定资金盈利率 = \frac{全年盈利总额}{固定资金占用总额} \times 100\%$$

⑤ 固定资产折旧 折旧费提取是用于对已经磨损消耗的固定资产进行大修和更新的准备资金,折旧费必须按期提取逐步积累。将固定资产的磨损与消耗转作生产成本的方法称为折旧,其价值即为折旧费。在具体提取方法上分为基本折旧和大修理折旧。基本折旧是为了更新而提取;大修理折旧是为了固定资产的大修理支付费用而提取。计算方法是:

固定资产年折旧额＝固定资产原值×综合折旧率

如砖木结构房屋可使用20年,年折旧率为5%;土木结构为10年,年折旧率为10%,固定器具折旧率为10%,普通器具折旧率为25%。

(2)流动资金的核算　流动资金的核算是反映猪场流动资金的占用和利用效果。主要指标有3个:流动资金周转率,流动资金盈利率和产值资金率。

$$流动资金周转率 = \frac{期内销售总额}{期内流动资金占用额}(单位:次/期)$$

计算期一般以年计(365天),此指标也按每次周转所需天数表示,更为方便。

$$流动资金盈利率 = \frac{期内盈利总额}{期内平均流动资金占用额} \times 100\%$$

$$产值资金率 = \frac{定额流动资金平均占用额}{总产值} \times 100\%$$

(三)生产成果与生产成本核算

1. 生产成果的核算　生产成果是猪场生产的基本目的之一,其核算是经济核算的重要内容,其核算的主要指标有以下几点:

(1)商品产量　是指猪场生产的,可用作销售的一切合格产品的总量,一般以商品猪头数或重量来表示。

(2)商品产值　是指用货币形式表示的商品产量。这个指标反映猪场生产的可供用作商品销售的产品价值。可通过它来测算销售额。

(3)销售额　是指通过销售环节将商品产值的计算额转化为实际销售额。即将商品猪(或其他产品)销售在计算期内收回的资金总量。在市场竞争异常激烈的市场经济条件下,此项指标很重要,它反映了猪场的规模和综合竞争能力。

(4)总产值　是指以货币形式表示的生产工作总量。总产值不但能综合反映出猪场的全部生产成果,而且又能反映生产过程中的物质资料向产品转移的价值。它不仅反映商品猪而且还能反映自留种猪、猪群增减、淘汰猪的价值。该项指标也是计算许多指标的依据。

(5) 净产值 是反映猪场计算期生产过程新创造的价值,它不包括生产过程中各种物质资料转移的价值。因此,它比总产值更能说明问题。

2. 生产成本核算

(1) 成本核算的基本概念 成本核算是猪场不断提高经济效益和市场竞争能力的重要手段。猪场的成本核算就是对猪场生产仔猪、商品猪、种猪等产品所消耗的物化劳动和活劳动的价值总和进行计算,得到每个生产单位产品所消耗的资金总额,即产品成本。成本的管理则是在进行成本核算的基础上,考察构成成本的各项消耗数量及其增减变化的原因,寻找降低成本的途径。在增加生产量的同时,不断地降低生产成本,是猪场扩大盈利的主要方法。

在某一计算期内,所消耗的物质资料和劳动价值的总和是生产费用。生产费用中只有分摊到产品中的那部分才构成生产成本,两者可以是相等也可以是不等的。

(2) 生产成本核算的方法 进行生产成本的核算需要完整系统的生产统计数据。建立完整的原始记录制度,准确、及时的记录和整理是进行产品核算的基础。通过产品成本的核算达到降低生产成本、提高经济效益的目的。因此,要掌握具体的成本核算的方法:

第一步,确定成本核算对象、指标和计算期单位。养猪场生产的终端产品是仔猪、种猪和商品肥育猪,成本核算的指标是每千克或每头产品的成本资金总量,计算期有月、季度、半年、年等单位。现以100头基础母猪、本年度存栏变化很小(变化较大时应将增减的猪群消耗剔除,消除其影响)的小型养猪场为例,将商品猪作为核算对象,以元/千克、元/头为核算成本指标,以年为计算期单位,说明猪场成本核算的过程和方法。

第二步,确定构成养猪场产品成本的项目。一般情况下将构成猪场产品成本核算的费用项目分为两大类,即固定费用项目和变动费用项目。变动费用项目是指随养猪场生产量的变化而显著变化的费用项目。例如,饲料费用。固定费用项目是指与猪场生产量大小无关或关系很小的费用项目,其特点是一定规模的养猪场随着生产量的提高,由固定费用形成的成本显著降低,从而降低生产总成本,这就是规模效应,降低固定费用是猪场提高经济效益的重要途径。

第三步,成本核算过程(实例略)。

通过以上核算,可了解××小型猪场××年度生猪产品的成本构成情况,定量了产品中各种成本在总成本中的比例。同时,也得到了该年度生猪产品的总成本及单位产品的成本。如将每年或各季度的成本进行如此核算、比较,会发现企业存在的问题,以及提高效益的潜力。这对降低成本将有巨大的作用。

(3)成本核算的意义

第一,通过产品成本核算,增加了产品成本构成的透明度,有利于决策者加强财务管理。在产品核算过程中,可明确看到产品成本构成的项目。如有不合理支出项目,也必然会暴露出来,有利于决策者加强企业的财物管理,减少财物漏洞,从而降低产品生产成本,提高企业经济效益。

第二,通过产品成本核算,增加了产品的总成本及单位成本的透明度,有利于决策者及时了解企业的盈亏状况。产品核算的结果告诉决策者商品猪的售价在9.9元/千克,则处于赢利状态;而商品猪的售价在8.4元/千克时则处于盈亏平衡临界点(2009.4.8)。这将有利于决策者根据市场价格随时调节生产过程,以便提高经济效益。

第三,通过产品成本核算,加强了产品的总成本中各项成本比例的透明度,有利于决策者对现实的成本构成做出正确评价。国有大型猪场,由于人员多、机械化程度较高,其变动成本与固定成本比例一般为 7.5∶2.5,而中、小规模养猪企业一般为 9∶1,这个比例深刻地反映了不同体制下运行的同类企业为什么成本相差很大的原因。因此,提高固定资产利用率,降低固定资产成本的比例,始终是决策者追求经济效益的重要措施。

第四,通过全面的成本核算,增强了盈亏点透明度,便于决策者加强计划管理。当我们通过成本核算得到某一企业在其具体环境中单位产品的赢利额时,就可以根据企业的平均固定成本数额确定盈亏点,依此进行企业赢利的计划管理,加强经营管理。例如,每头商品猪可赢利 150 元。以某猪场为例,固定成本总额是 24 万元,那么该猪场应年出栏 1 600 头商品猪才可以达到盈亏平衡点。此点是决策者进行企业投资或制订年度计划时必用的指标。是决策者加强企业经营管理、提高企业经济效益的起步指标。总之,提高技术水平,调动职工积极性,提高企业合格产品数量,减少单位产品的摊销费用从而降低成本,加强成本管理,可以达到提高企业经济效益的目的。对猪场进行成本核算和成本管理,学会对核算的结果进行科学分析,并能适时做出正确决策是未来猪场进一步提高市场竞争能力的关键措施。

五、猪场经营水平的综合评价方法

猪场,不论规模大小都要遵循市场规律。即向社会提供有效产品的同时,要获得自身的经济效益。对猪场的经营成果应从两个方面进行考察:一是生产水平,二是经济效益。为了能够综合、客观地评价猪场的生产经营成果,应制定科学系统的评价指标体系,它不仅具有经营成果的评价作用,而且还可以进行不同猪场之间的比较,用以总结经验,发现问题,促进养猪生产的不断发展。

第十章　中小型猪场的经营管理

(一)猪场综合评价指标的分类体系

详见表 10-18。

表 10-18　猪场生产经营水平评价指标分类体系表

分类 项目	生产水平				经济效益	
	繁育成绩	仔猪培育成绩	生长育肥成绩	出栏成绩	劳动效率	资金效率
综合指标	繁育效率	培育效率	生长育肥效率	出栏效率	劳动利用效率	资金利用效率
单项指标	情期受胎率 年产窝数 窝产健仔数 种猪淘汰率 成活率 断奶重 断奶仔猪摊销耗料量	成活率 增重速度 料肉比	成活率 增重速度 料肉比	出栏率 全群料肉比 猪舍利用率	劳动生产率 劳动赢利率 劳动产值率	资金占用产品率 资金消耗产品率 资金占用赢利率 资金消耗赢利率 流动资金周转率 (周转速度)

(二)评价指标的计算方法

为了全面、系统、客观地进行评价、比较,必须统一计算方法,做到基础数据与生产原始记录一致。

1. 综合指标的计算方法

$$繁育效率 = \frac{年产合格断奶仔猪数}{年内饲养标准母猪数} (单位:头/头·年)$$

式中:合格断奶仔猪是指健康无病、体重达标的仔猪;年内饲养标准母猪是指成年母猪的 365 个饲养日为一头标准母猪(此数值可通过种猪存栏日记表获得)。

$$培育效率 = \frac{育成猪有效增重}{育成猪总饲养日} (单位:克/头·日)$$

式中:有效增重即总增重中扣除死亡猪的增重损失。具体计算方法是用期末存栏总重与转出总重的和减去期初存栏总重与转入总重的和;存栏总重可以通过将存栏猪按体重分类计数并抽测各类猪体重获得平均体重,并由此计算得到存栏总重。也可以按下式计算:

$$有效增重 = 平均日增重 \times 总饲养日 - 死亡增重$$

$$生长肥育效率 = \frac{生长肥育猪有效增重}{总饲养日} (单位:克/头·日)$$

$$出栏率 = \frac{年内出栏标准商品猪头数}{年内平均存栏头数} \times 100\%$$

式中:标准商品猪是指 90 千克的商品猪体重,年平均存栏数是 12 个月的平均存栏头数。

$$劳动效率 = \frac{出栏标准商品猪头数(或总重量)}{全场用工总量} (单位:头/工·年)$$

$$资金利用效率 = \frac{赢利总额}{占用资金总额} \times 100\%$$

2. 单项指标的计算方法 在做好综合评价以后,需要详细了解情况时,就要进行单项指标的计算,以便对具体问题做出准确判断,拿出解决问题的办法。具体指标的计算方法是:

$$情期受胎率 = \frac{受胎母猪数}{配种情期数} \times 100\%$$

$$窝产活仔数 = \frac{产活仔总数}{产仔总窝数} (单位:头/窝)$$

$$年产窝数 = \frac{产仔总窝数}{标准母猪数} (单位:窝/头·年)$$

$$\frac{母猪繁殖}{利用年限} = \frac{年内淘汰母猪繁殖年限总和}{淘汰母猪头数} (单位:年/头)$$

$$断奶成活率 = \frac{断奶仔猪总数}{产活仔总数} \times 100\%$$

$$断奶体重 = \frac{断奶仔猪总重}{断奶头数} (单位:千克/头)$$

$$\frac{断奶仔猪摊销}{种猪耗料量} = \frac{成年公母猪耗料总量}{断奶仔猪总头数} (单位:千克/头)$$

第十章 中小型猪场的经营管理

$$育成仔猪成活率 = \frac{转出育成猪数 + 期末存栏数 - 期初存栏数}{转入断奶仔猪数} \times 100\%$$

$$育成猪日增重 = \frac{转出平均重 - 转入平均重}{育成期平均天数} (单位:克/头·日)$$

$$料肉比 = \frac{饲料消耗总量}{有效增重总量}$$

$$全群料肉比 = \frac{全场耗料总量}{标准商品猪产量}$$

式中:全场耗料总量是指计算期内各猪群实际耗料之总和。

$$劳动生产率 = \frac{合格商品猪产量}{期内用工总量} (单位:头/人工·年)$$

$$劳动赢利率 = \frac{年获利总额}{计入成本的用工总量} (单位:元/人工·年)$$

$$劳动产值率 = \frac{总产值}{年用工总量} (单位:元/人工·年)$$

$$猪舍利用率 = \frac{合格商品猪产量}{猪舍建筑总面积} (单位:头/米^2·年)$$

$$资金占用产品率 = \frac{合格商品猪产量}{资金占用总额} \times 100\% (单位:头/百元)$$

$$资金占用赢利率 = \frac{赢利总额}{资金占用总额} \times 100\%$$

$$资金消耗产品率 = \frac{合格商品猪产量}{资金消耗成本总额} \times 100\% (单位:头/百元)$$

$$资金消耗赢利率 = \frac{赢利总额}{资金消耗成本总额} \times 100\%$$

$$流动资金周转速度 = \frac{销售收入总额}{流动资金平均占用总额} (单位:次/年)$$

$$流动资金周转天数 = \frac{365}{周转次数} (单位:天/次)$$

(三)评价指标的权重系数

生产水平中的繁育效率、培育效率、生长肥育效率及合格商品猪的出栏率等4类指标体现了猪场对社会物质资源的利用效率,为社会提供有效产品的多少。经济效益指标体现了资金和劳动利用效果的高低,猪场为社会提供产品的同时应获得经济效益的多少。没有较高的生产水平,不可能有好的经济效益,没有好的经济效益,生产水平就会失去存在和发展的动力。

对一个猪场进行全面评价,需要使用多个指标才能客观、准确地说明猪场的实际生产水平和经营成果。这就需要对多项指标确定不同的权重系数值,然后求出系数和,得到评价总分数。各项指标的权重系数详见表10-19。

表10-19 评价指标权重系数表

指标 评语	繁育效率		培育效率		生长效率		出栏效率		劳动效率		资金效率		分数范围
	系数	指标值	系数	指标值	系数	指标值	系数	指标值	系数	指标值	系数	指标值	
很好	20	19~21	10	400~450	10	700~800	10	160~180	10	200~250	40	20~25	≥90
良好	16	17~19	8	350~400	8	600~700	8	145~160	8	160~200	32	15~20	76~89
一般	12	15~17	6	300~350	6	500~600	6	130~145	6	130~160	24	10~15	60~75
较差	8	13~15	4	250~300	4	400~500	4	115~130	4	100~130	16	5~10	46~59
极差	4	≤13	2	≤250	2	≤400	2	≤115	2	≤100	8	≤5	≤45

(四)评价方法

当对中小型养猪场进行数量化的评价时,应首先根据各项原始记录和基础数据进行整理,分别计算出繁殖效率、培育效率、生长育肥效率、出栏效率、劳动效率和资金利用效率的具体指标数值,然后在权重系数表中查出具体权重系数值,再求和,最后才得到总评分数及评语。举例见表10-20。

第十章 中小型猪场的经营管理

表 10-20 某猪场 1999 年六项综合指标计算总结及总评

指标项目	繁育效率	培育效率	生长效率	出栏效率	劳动效率	资金效率	系数合计	总评语
指标数值	18 头	386 克	556 克	135%	150 头	14%		
对应系数	16	8	6	6	6	24	66	一般
单项评语	良好	良好	一般	一般	一般	一般	一般	

另外,为了提高中小型猪场(户)产品质量,创建绿色品牌,改变单场独户饲养肉猪参与市场竞争力不强的被动局面,可以加入当地适合自己的经营模式的农村养猪专业合作社或"大型养猪龙头企业"。通过"养猪专业合作社组织"、"公司+农户"的生产模式,组建起一支强大的商品肉猪生产队伍参与市场竞争,推动"产、供、销、加"一体化生产,促进养猪产业化的发展,实现"双赢",共同发展。这些组织形式是在"合同"规范的条件下进行的志愿合作关系。合作双方通过资金、劳力、场地、技术、管理等优化组合,实现资金互补、资源互补、劳力互补、优势互补,在激烈的市场竞争中携手合作,共同发展壮大。

附录A 中国猪的饲养标准
(NY/T 65—2004)

附表1-1 瘦肉型生长肥育猪每千克饲粮养分含量
（自由采食，88%干物质）

体重,千克	3~8	8~20	20~35	35~60	60~90
平均体重,千克	5.5	14.0	27.5	47.5	75.0
日增重,千克/天	0.24	0.44	0.61	0.69	0.80
采食量,千克/天	0.30	0.74	1.43	1.90	2.50
饲料/增重	1.25	1.59	2.34	2.75	3.13
消化能,兆焦/千克	14.02	13.60	13.39	13.39	13.39
（千卡/千克）	(3350)	(3250)	(3200)	(3200)	(3200)
代谢能,兆焦/千克	13.46	13.06	12.86	12.86	12.86
（千卡/千克）	(3215)	(3120)	(3070)	(3070)	(3070)
粗蛋白质,%	21.0	19.0	17.8	16.4	14.5
能量蛋白比,千焦/%	668	716	752	817	923
（千卡/%）	(160)	(170)	(180)	(195)	(220)
赖氨酸能量比,克/兆焦	1.01	0.85	0.68	0.61	0.53
（克/兆卡）	(4.24)	(3.56)	(2.83)	(2.56)	(2.19)
氨基酸,%					
赖氨酸	1.42	1.16	0.90	0.82	0.70
蛋氨酸	0.40	0.30	0.24	0.22	0.19
蛋氨酸+胱氨酸	0.81	0.66	0.51	0.48	
苏氨酸	0.94	0.75	0.58	0.56	0.48
色氨酸	0.27	0.21	0.16	0.15	0.13
异亮氨酸	0.79	0.64	0.48	0.46	0.39
亮氨酸	1.42	1.13	0.85	0.78	0.63
精氨酸	0.56	0.46	0.35	0.30	0.21
缬氨酸	0.98	0.80	0.61	0.57	0.47
组氨酸		0.36	0.28	0.26	0.21
苯丙氨酸	0.85	0.69	0.52	0.48	0.40
苯丙氨酸+酪氨酸	1.33	1.07	0.82	0.77	0.64

附录A 中国猪的饲养标准 (NY/T 65—2004)

续附表 1-1

体重,千克	3~8	8~20	20~35	35~60	60~90
矿物元素,%或每千克饲粮含量					
钙,%	0.88	0.74	0.62	0.55	0.49
总磷,%	0.74	0.58	0.53	0.48	0.43
非植酸磷,%	0.54	0.36	0.25	0.20	0.17
钠,%	0.25	0.15	0.12	0.10	0.10
氯,%	0.25	0.15	0.10	0.09	0.08
镁,%	0.04	0.04	0.04	0.04	0.04
钾,%	0.30	0.26	0.24	0.21	0.18
铜,毫克	6.00	6.00	4.50	4.00	3.50
碘,毫克	0.14	0.14	0.14	0.14	0.14
铁,毫克	105	105	70	60	50
锰,毫克	4.00	4.00	3.00	2.00	2.00
硒,毫克	0.30	0.30	0.30	0.25	0.25
锌,毫克	110	110	70	60	50
维生素和脂肪酸,%或每千克饲粮含量					
维生素A,单位	2200	1800	1500	1400	1300
维生素D_3,单位	220	200	170	160	150
维生素E,单位	16	11	11	11	11
维生素K,毫克	0.50	0.50	0.50	0.50	0.50
硫胺素,毫克	1.50	1.00	1.00	1.00	1.00
核黄素,毫克	4.00	3.50	2.50	2.00	2.00
泛酸,毫克	12.00	10.00	8.00	7.50	7.00
烟酸,毫克	20.00	15.00	10.00	8.50	7.50
吡哆醇,毫克	2.00	1.50	1.00	1.00	1.00
生物素,毫克	0.08	0.05	0.05	0.05	0.05
叶酸,毫克	0.30	0.30	0.30	0.30	0.30
维生素B_{12},微克	20.00	17.50	11.00	8.00	6.00
胆碱,克	0.60	0.50	0.35	0.30	0.30
亚油酸,%	0.10	0.10	0.10	0.10	0.10

注:1. 此标准适合于瘦肉率高于56%的公母混养猪群。2. 矿物质需要量包括饲料原料提供的矿物质量;对于青年公猪和后备母猪,钙、总磷和有效磷的需要量应提高0.05~0.1个百分点。3. 维生素需要量包括饲料原料中提供的维生素量

附表1-2 瘦肉型妊娠母猪每千克饲粮养分含量 （88%干物质）

妊娠期	妊娠前期			妊娠后期		
配种体重,千克	120～150	150～180	>180	120～150	150～180	>180
预期窝产仔数	10	11	11	10	11	11
采食量,千克/天	2.10	2.10	2.00	2.60	2.80	3.00
消化能,兆焦/千克	12.75	12.35	12.15	12.75	12.55	12.55
（千卡/千克）	(3050)	(2950)	(2950)	(3050)	(3000)	(3000)
代谢能,兆焦/千克	12.25	11.85	11.65	12.25	12.05	12.05
（千卡/千克）	(2930)	(2830)	(2830)	(2930)	(2880)	(2880)
粗蛋白质,%	13.0	12.0	12.0	14.0	13.0	12.0
能量蛋白比,千焦/%	981	1029	1013	911	965	1045
（千卡/%）	(235)	(246)	(246)	(218)	(231)	(250)
赖氨酸能量比,克/兆焦	0.42	0.40	0.38	0.42	0.41	0.38
（克/千卡）	(1.74)	(1.67)	(1.58)	(1.74)	(1.70)	(1.60)
氨基酸,%						
赖氨酸	0.53	0.49	0.46	0.53	0.51	0.48
蛋氨酸	0.14	0.13	0.12	0.14	0.13	0.12
蛋氨酸＋胱氨酸	0.34	0.32	0.31	0.34	0.33	0.32
苏氨酸	0.40	0.39	0.37	0.40	0.40	0.38
色氨酸	0.10	0.09	0.09	0.10	0.09	0.09
异亮氨酸	0.29	0.28	0.26	0.29	0.29	0.27
亮氨酸	0.45	0.41	0.37	0.45	0.42	0.38
精氨酸	0.06	0.02	0.00	0.06	0.02	0.00
缬氨酸	0.35	0.32	0.30	0.35	0.33	0.31
组氨酸	0.17	0.16	0.15	0.17	0.17	0.16
苯丙氨酸	0.29	0.27	0.25	0.29	0.28	0.26
苯丙氨酸＋酪氨酸	0.49	0.45	0.43	0.49	0.47	0.44
矿物元素,%或每千克饲粮含量						
钙,%			0.68			
总磷,%			0.54			

附录 A 中国猪的饲养标准 (NY/T 65—2004)

续附表 1-2

妊娠期	妊娠前期	妊娠后期
非植酸磷,%	0.32	
钠,%	0.14	
氯,%	0.11	
镁,%	0.04	
钾,%	0.18	
铜,毫克	5.0	
碘,毫克	0.13	
铁,毫克	75.0	
锰,毫克	18.0	
硒,毫克	0.14	
锌,毫克	45.0	
维生素和脂肪酸,% 或每千克饲粮含量		
维生素 A,单位	3620	
维生素 D_3,单位	180	
维生素 E,单位	40	
维生素 K,毫克	0.50	
硫胺素,毫克	0.90	
核黄素,毫克	3.40	
泛酸,毫克	11	
烟酸,毫克	9.05	
吡哆醇,毫克	0.90	
生物素,毫克	0.19	
叶酸,毫克	1.20	
维生素 B_{12},微克	14	
胆碱,克	1.15	
亚油酸,%	0.10	

注:妊娠前期指妊娠前 12 周,妊娠后期指妊娠后 4 周;"120～150 千克"阶段适用于初产母猪和因泌乳乳期消耗过度的经产母猪;"150～180 千克"阶段适用于自身尚有生长潜力的经产母猪;"180 千克以上"指达到标准成年体重的经产母猪,其对养分的需要量不随体重增长而变化。矿物质需要量包括饲料原料中提供的矿物质;维生素需要量包括饲料原料中提供的维生素

附表 1-3　瘦肉型泌乳母猪每千克饲粮养分含量　（88%干物质）

分娩体重，千克	140～180		180～240	
泌乳期体重变化，千克	0.0	−10.0	−7.5	−15
哺乳窝仔数	9	9	10	10
采食量，千克/天	5.25	4.65	5.65	5.20
消化能，兆焦/千克	13.80	13.80	13.80	13.80
（千卡/千克）	(3300)	(3300)	(3300)	(3300)
代谢能，兆焦/千克	13.25	13.25	13.25	13.55
（千卡/千克）	(3170)	(3170)	(3170)	(3170)
粗蛋白质，%	17.5	18.0	18.0	18.5
能量蛋白比，千焦/%	789	767	767	746
（千卡/%）	(189)	(183)	(183)	(178)
赖氨酸能量比，克/兆焦	0.64	0.67	0.66	0.68
（克/千卡）	(2.67)	(2.82)	(2.76)	(2.85)
氨基酸，%				
赖氨酸	0.88	0.93	0.91	0.94
蛋氨酸	0.22	0.24	0.23	0.24
蛋氨酸+胱氨酸	0.42	0.45	0.44	0.45
苏氨酸	0.56	0.59	0.58	0.60
色氨酸	0.16	0.17	0.17	0.18
异亮氨酸	0.49	0.52	0.51	0.53
亮氨酸	0.95	1.01	0.98	1.02
精氨酸	0.48	0.48	0.47	0.47
缬氨酸	0.74	0.79	0.77	0.81
组氨酸	0.34	0.36	0.35	0.37
苯丙氨酸	0.47	0.50	0.48	0.50
苯丙氨酸+酪氨酸	0.97	1.03	1.00	1.04

附录 A 中国猪的饲养标准 (NY/T 65—2004)

续附表 1-3

分娩体重,千克	140~180	180~240
矿物元素,%或每千克饲粮含量		
钙,%	0.77	
总磷,%	0.62	
非植酸磷,%	0.36	
钠,%	0.21	
氯,%	0.16	
镁,%	0.04	
钾,%	0.21	
铜,毫克	5.0	
碘,毫克	0.14	
铁,毫克	80.0	
锰,毫克	20.5	
硒,毫克	0.15	
锌,毫克	51.0	
维生素和脂肪酸,%或每千克饲粮含量		
维生素 A,单位	2050	
维生素 D_3,单位	205	
维生素 E,单位	45	
维生素 K,毫克	0.5	
硫胺素,毫克	1.00	
核黄素,毫克	3.85	
泛酸,毫克	12	
烟酸,毫克	10.25	
吡哆醇,毫克	1.00	
生物素,毫克	0.21	
叶酸,毫克	1.35	
维生素 B_{12},微克	15.0	
胆碱,克	1.00	
亚油酸,%	0.10	

注:由于国内缺乏哺乳母猪的试验数据,消化能和氨基酸是根据国内一些企业的经验数据和 NRC(1998)的泌乳模型得到的

附表1-4 配种公猪每千克饲粮和每日养分需要量 （88%干物质）

需要量	每千克饲粮含量	每日需要量
饲粮消化能含量,兆焦/千克	12.95	12.95
（千卡/千克）	(3100)	(3100)
饲粮代谢能含量,兆焦/千克	12.45	12.45
（千卡/千克）	(2975)	(2975)
消化能摄入量,兆焦/千克	21.70	21.70
（千卡/千克）	(6820)	(6820)
代谢能摄入量,兆焦/千克	20.85	20.85
（千卡/千克）	(6545)	(6545)
采食量,千克/天	2.2	2.2
粗蛋白质,%	13.50	13.50
能量蛋白比,千焦/%(千卡/%)	959(230)	959(230)
赖氨酸能量比,克/兆焦(克/千卡)	0.42(1.78)	0.42(1.78)
氨基酸,%		
赖氨酸	0.55%	12.1克
蛋氨酸	0.15%	3.31克
蛋氨酸+胱氨酸	0.38%	8.4克
苏氨酸	0.46%	10.1克
色氨酸	0.11%	2.4克
异亮氨酸	0.32%	7.0克
亮氨酸	0.47%	10.3克
精氨酸	0.00%	0.0克
缬氨酸	0.36%	7.9克
组氨酸	0.17%	3.7克
苯丙氨酸	0.30%	6.6克
苯丙氨酸+酪氨酸	0.52%	11.4克
矿物元素,%或每千克饲粮含量		
钙,%	0.70	15.4克
总磷,%	0.55	12.1克
非植酸磷,%	0.32	7.04克
钠,%	0.14	3.08克

附录A 中国猪的饲养标准(NY/T 65—2004)

续附表1-4

需要量	每千克饲粮含量	每日需要量
氯,%	0.11	2.42 克
镁,%	0.04	0.88 克
钾,%	0.20	4.40 克
铜,毫克	5	11.0
碘,毫克	0.15	0.33
铁,毫克	80	176.00
锰,毫克	20	44.00
硒,毫克	0.15	0.33
锌,毫克	75	165
维生素和脂肪酸,%或每千克饲粮含量		
维生素A,单位	4000	8800
维生素D_3,单位	220	485
维生素E,单位	45	100
维生素K,毫克	0.50	1.10
硫胺素,毫克	1.0	2.20
核黄素,毫克	3.5	7.70
泛酸,毫克	12	26.4
烟酸,毫克	10	22
吡哆醇,毫克	1.0	2.20
生物素,毫克	0.20	0.44
叶酸,毫克	1.30	2.86
维生素B_{12},微克	15	33
胆碱,克	1.25	2.75
亚油酸,%	0.1	2.2 克

注:需要量的确定是以每日采食2.2千克饲粮为基础,采食量根据公猪的体重和期望的增重进行调整。粗蛋白质需要量是以玉米-豆粕日粮为基础确定的

附表 1-5 肉脂型生长肥育猪每千克饲粮养分含量
(一型标准,自由采食,88%干物质)

体重,千克	5～8	8～15	15～30	30～60	60～90
日增重,千克	0.22	0.38	0.50	0.60	0.70
采食量,千克/天	0.40	0.87	1.36	2.02	2.94
饲料/增重	1.80	2.30	2.73	3.35	4.20
消化能,兆焦/千克	13.80	13.60	12.95	12.95	12.95
(千卡/千克)	(3300)	(3250)	(3100)	(3100)	(3100)
粗蛋白质,%	21.0	18.2	16.0	14.0	13.0
能量蛋白比,千焦/%	657	747	810	925	996
(千卡/%)	(157)	(179)	(194)	(221)	(238)
赖氨酸能量比,克/兆焦	0.97	0.77	0.66	0.53	0.46
(克/千卡)	(4.06)	(3.23)	(2.75)	(2.23)	(1.94)
氨基酸,%					
赖氨酸	1.34	1.05	0.85	0.69	0.60
蛋氨酸	0.65	0.53	0.43	0.38	0.34
蛋氨酸+胱氨酸	0.77	0.62	0.50	0.45	0.39
苏氨酸	0.19	0.15	0.12	0.11	0.11
色氨酸	0.73	0.59	0.47	0.43	0.37
异亮氨酸					
矿物元素,%或每千克饲粮含量					
钙,%	0.86	0.74	0.64	0.55	0.46
总磷,%	0.67	0.60	0.55	0.46	0.37
非植酸磷,%	0.42	0.32	0.29	0.21	0.14
钠,%	0.20	0.15	0.09	0.09	0.09
氯,%	0.20	0.15	0.07	0.07	0.07
镁,%	0.04	0.04	0.04	0.04	0.04
钾,%	0.29	0.26	0.24	0.21	0.16

附录A 中国猪的饲养标准(NY/T 65—2004)

续附表 1-5

体重,千克	5~8	8~15	15~30	30~60	60~90
铜,毫克	6.00	5.5	4.6	3.7	3.0
铁,毫克	100	92	74	55	37
碘,毫克	0.13	0.13	0.13	0.13	0.13
锰,毫克	4.00	3.00	3.00	2.00	2.00
硒,毫克	0.30	0.27	0.23	0.14	0.09
锌,毫克	100	90	75	55	45
维生素和脂肪酸,%或每千克饲粮含量					
维生素A,单位	2100	2000	1600	1200	1200
维生素D_3,单位	210	200	180	140	140
维生素E,单位	15	15	10	10	10
维生素K,毫克	0.50	0.50	0.50	0.50	0.50
硫胺素,毫克	1.50	1.00	1.00	1.00	1.00
核黄素,毫克	4.00	3.5	3.0	2.0	2.0
泛酸,毫克	12.00	10.00	8.00	7.00	6.00
烟酸,毫克	20.00	14.00	12.00	9.00	7.00
吡哆醇,毫克	2.00	1.50	1.50	1.00	1.00
生物素,毫克	0.08	0.05	0.05	0.05	0.05
叶酸,毫克	0.30	0.30	0.30	0.30	0.30
维生素B_{12},微克	20.00	16.50	14.50	10.00	5.00
胆碱,克	0.50	0.40	0.30	0.30	0.30
亚油酸,%	0.10	0.10	0.10	0.10	0.10

注:一型标准,指瘦肉率52%左右,达90千克体重时间175天左右。粗蛋白质的需要量原则上是以玉米-豆粕日粮满足可消化氨基酸需要而确定的。为克服早期断奶给仔猪带来的应激,5~8千克阶段使用了较多的动物蛋白和乳制品

附表 1-6 肉脂型生长肥育猪每千克饲粮养分含量
(二型标准,自由采食,88%干物质)

体重,千克	5～8	8～15	15～30	30～60	60～90
日增重,千克	0.22	0.34	0.45	0.55	0.65
采食量,千克/天	0.40	0.87	1.30	1.96	2.89
饲料/增重	1.80	2.55	2.90	3.55	4.45
消化能,兆焦/千克	13.80	13.30	12.25	12.25	12.25
（千卡/千克）	(3300)	(3180)	(2930)	(2930)	(2930)
粗蛋白质,%	21.0	17.5	16.0	14.0	13.0
能量蛋白比,千焦/%	657	760	766	875	942
（千卡/%）	(157)	(182)	(183)	(209)	(225)
赖氨酸能量比,克/兆焦	0.97	0.74	0.65	0.53	0.46
（克/千卡）	(4.06)	(3.11)	(2.73)	(2.23)	(1.94)
氨基酸,%					
赖氨酸	1.34	0.99	0.80	0.65	0.56
蛋氨酸＋胱氨酸	0.65	0.56	0.40	0.35	0.32
苏氨酸	0.77	0.64	0.48	0.41	0.37
色氨酸	0.19	0.18	0.12	0.11	0.10
异亮氨酸	0.73	0.54	0.45	0.40	0.34
矿物元素,%或每千克饲粮含量					
钙,%	0.86	0.72	0.62	0.53	0.44
总磷,%	0.67	0.58	0.53	0.44	0.35
非植酸磷,%	0.42	0.31	0.27	0.20	0.13
钠,%	0.20	0.14	0.09	0.09	0.09
氯,%	0.20	0.14	0.07	0.07	0.07
镁,%	0.04	0.04	0.04	0.04	0.04
钾,%	0.29	0.25	0.23	0.20	0.15
铜,毫克	6.00	5.0	4.0	3.0	3.0

附录A 中国猪的饲养标准(NY/T 65—2004)

续附表1-6

体重,千克	5～8	8～15	15～30	30～60	60～90
铁,毫克	100	90	70	55	35
碘,毫克	0.13	0.12	0.12	0.12	0.12
锰,毫克	4.00	3.00	2.50	2.00	2.00
硒,毫克	0.30	0.26	0.22	0.13	0.09
锌,毫克	100	90	70	53	44
维生素和脂肪酸,%或每千克饲粮含量					
维生素A,单位	2100	1900	1550	1150	1150
维生素D_3,单位	210	190	170	130	130
维生素E,单位	15	15	10	10	10
维生素K,毫克	0.50	0.45	0.45	0.45	0.45
硫胺素,毫克	1.50	1.00	1.00	1.00	1.00
核黄素,毫克	4.00	3.0	2.5	2.0	2.0
泛酸,毫克	12.00	10.00	8.00	7.00	6.00
烟酸,毫克	20.00	14.00	12.00	9.00	6.50
吡哆醇,毫克	2.00	1.50	1.50	1.00	1.00
生物素,毫克	0.08	0.05	0.04	0.04	0.04
叶酸,毫克	0.30	0.30	0.30	0.30	0.30
维生素B_{12},微克	20.00	15.00	13.00	10.00	5.00
胆碱,克	0.50	0.40	0.30	0.30	0.30
亚油酸,%	0.10	0.10	0.10	0.10	0.10

注:二型标准,指瘦肉率49%左右,达90千克体重时间185天左右。5～8千克阶段的各种营养需要同一型标准

附表 1-7　肉脂型生长肥育猪每千克饲粮养分含量

（三型标准，自由采食，88％干物质）

体重,千克	5～8	8～15	15～30	30～60	60～90
日增重,千克	0.22	0.34	0.40	0.50	0.59
采食量,千克/天	0.40	0.87	1.28	1.95	2.92
饲料/增重	1.80	2.55	3.20	3.90	4.95
消化能,兆焦/千克	13.80	13.30	11.70	11.70	11.70
（千卡/千克）	(3300)	(3180)	(2800)	(2800)	(2800)
粗蛋白质,％	21.0	17.5	15.0	14.0	13.0
能量蛋白比,千焦/％	657	760	780	835	900
（千卡/％）	(157)	(182)	(187)	(200)	(215)
赖氨酸能量比,克/兆焦	0.97	0.74	0.67	0.50	0.43
（克/千卡）	(4.06)	(3.11)	(2.79)	(2.11)	(1.79)
氨基酸,％					
赖氨酸	1.34	0.99	0.78	0.59	0.50
蛋氨酸＋胱氨酸	0.65	0.56	0.40	0.31	0.28
苏氨酸	0.77	0.64	0.46	0.38	0.33
色氨酸	0.19	0.18	0.11	0.10	0.09
异亮氨酸	0.73	0.54	0.44	0.36	0.31
矿物元素,％或每千克饲粮含量					
钙,％	0.86	0.72	0.59	0.50	0.42
总磷,％	0.67	0.58	0.50	0.42	0.34
非植酸磷,％	0.42	0.31	0.27	0.19	0.13
钠,％	0.20	0.14	0.08	0.08	0.08
氯,％	0.20	0.14	0.07	0.07	0.07
镁,％	0.04	0.04	0.03	0.03	0.03
钾,％	0.29	0.25	0.22	0.19	0.14
铜,毫克	6.00	5.0	4.0	3.0	3.0

附录 A 中国猪的饲养标准(NY/T 65—2004)

续附表 1-7

体重,千克	5~8	8~15	15~30	30~60	60~90
铁,毫克	100	90	70	50	35
碘,毫克	0.13	0.12	0.21	0.13	0.08
锰,毫克	4.00	3.00	3.00	2.00	2.00
硒,毫克	0.30	0.26	0.21	0.13	0.08
锌,毫克	100	90	70	50	40
维生素和脂肪酸,%或每千克饲粮含量					
维生素 A,单位	2100	1900	1470	1090	1090
维生素 D_3,单位	210	190	168	126	126
维生素 E,单位	15	15	9	9	9
维生素 K,毫克	0.50	0.45	0.4	0.4	0.4
硫胺素,毫克	1.50	1.00	1.00	1.00	1.00
核黄素,毫克	4.00	3.00	2.5	2.0	2.0
泛酸,毫克	12.00	10.00	8.00	7.00	6.00
烟酸,毫克	20.00	14.00	12.0	9.00	6.50
吡哆醇,毫克	2.00	1.50	1.50	1.00	1.00
生物素,毫克	0.08	0.05	0.04	0.04	0.04
叶酸,毫克	0.30	0.30	0.25	0.25	0.25
维生素 B_{12},微克	20.00	15.00	12.00	10.00	5.00
胆碱,克	0.50	0.40	0.34	0.25	0.25
亚油酸,%	0.10	0.10	0.10	0.10	0.10

注:三型标准,指瘦肉率 46% 左右,达 90 千克体重时间 200 天左右。5~8 千克阶段的营养需要同一型标准,8~15 千克阶段的营养需要同二型标准

附表1-8 肉脂型妊娠、泌乳母猪每千克饲粮养分含量 (88%干物质)

	妊娠母猪	泌乳母猪
采食量,千克/天	2.1	5.1
消化能,兆焦/千克(千卡/千克)	11.70(2800)	13.60(3250)
粗蛋白质,%	13.0	17.5
能量蛋白比,千焦/%(千卡/%)	900(215)	777(186)
赖氨酸能量比,克/兆焦(克/千卡)	0.37(1.54)	0.58(2.43)
氨基酸,%		
赖氨酸	0.43	0.79
蛋氨酸+胱氨酸	0.30	0.40
苏氨酸	0.35	0.52
色氨酸	0.08	0.14
异亮氨酸	0.25	0.45
矿物元素,%或每千克饲粮含量		
钙,%	0.62	0.72
总磷,%	0.50	0.58
非植酸磷,%	0.30	0.34
钠,%	0.12	0.20
氯,%	0.10	0.16
镁,%	0.04	0.04
钾,%	0.16	0.20
铜,毫克	4.00	5.00
铁,毫克	70	80
碘,毫克	0.12	0.14
锰,毫克	16	20
硒,毫克	0.15	0.15
锌,毫克	50	50

附录 A 中国猪的饲养标准 (NY/T 65—2004)

续附表 1-8

	妊娠母猪	泌乳母猪
维生素和脂肪酸,%或每千克饲粮含量		
维生素 A,单位	3600	2000
维生素 D_3,单位	180	200
维生素 E,单位	36	44
维生素 K,毫克	0.4	0.5
硫胺素,毫克	1.00	1.00
核黄素,毫克	3.20	3.75
泛酸,毫克	10.00	12.00
烟酸,毫克	8.00	10.00
吡哆醇,毫克	1.00	1.00
生物素,毫克	0.16	0.20
叶酸,毫克	1.10	1.30
维生素 B_{12},微克	12.00	15.00
胆碱,克	1.00	1.00
亚油酸,%	0.10	0.10

附表 1-9 地方猪种后备母猪每千克饲粮养分含量 (88%干物质)

体重,千克	10～20	20～40	40～70
日增重,千克	0.30	0.40	0.50
日采食量,千克/天	0.63	1.08	1.65
饲料/增重	2.10	2.70	3.30
消化能,兆焦/千克(千卡/千克)	12.97(3100)	12.55(3000)	12.15(2900)
粗蛋白质,%	18.0	16.0	14.0
能量蛋白比,千焦/%(千卡/%)	721(172)	784(188)	868(207)
赖氨酸能量比,克/兆焦(克/千卡)	0.77(3.23)	0.70(2.93)	0.48(2.00)

续附表 1-9

体重,千克	10～20	20～40	40～70
氨基酸,%			
赖氨酸	1.00	0.88	0.67
蛋氨酸+胱氨酸	0.50	0.44	0.36
苏氨酸	0.59	0.53	0.43
色氨酸	0.15	0.13	0.11
异亮氨酸	0.56	0.49	0.41
矿物质,%			
钙,%	0.74	0.62	0.53
总磷,%	0.60	0.53	0.44
非植酸磷,%	0.37	0.28	0.20

注:除钙、磷外的矿物元素和维生素的需要,可参照肉脂型生长肥育猪的二型标准

附表 1-10 肉脂型种公猪每千克饲粮养分含量 (88%干物质)

体重,千克	10～20	20～40	40～70
日增重,千克	0.35	0.45	0.50
日采食量,千克/天	0.72	1.17	1.67
消化能,兆焦/千克(千卡/千克)	12.97(3100)	12.55(3000)	12.15(3000)
粗蛋白质,%	18.8	17.5	14.6
能量蛋白比,千焦/%(千卡/%)	690(165)	717(171)	860(205)
赖氨酸能量比,克/兆焦(克/千卡)	0.81(3.39)	0.73(3.07)	0.50(2.09)
氨基酸,%			
赖氨酸	1.05	0.92	0.73
蛋氨酸+胱氨酸	0.53	0.47	0.37
苏氨酸	0.62	0.55	0.47
色氨酸	0.16	0.13	0.12
异亮氨酸	0.59	0.52	0.45

附录A 中国猪的饲养标准(NY/T 65—2004)

续附表 1-10

体重,千克	10~20	20~40	40~70
	矿物质,%		
钙,%	0.74	0.64	0.55
总磷,%	0.60	0.55	0.46
非植酸磷,%	0.37	0.29	0.21

注:除钙、磷外的矿物元素和维生素的需要,可参照肉脂型生长肥育猪的一型标准

附录B 猪场常用生产记录表格式样

附表1 种_____猪系谱卡

猪号_____

出生日期		出生地点		进场日期		离场日期		离场原因	
品　种		近交程度		初生重		断乳重		乳头数	左
									右
外形特征									

附表2 种_____猪生长发育记录

测定日期			猪号	品种	日龄	体重	体长	胸围	体高	膘厚	腿臀围	备注
年	月	日										

主管_____　　　　　　　　　　　　　　　饲养员_____

附表3 母猪配种记录

受配母猪			与配公猪			配种记录												预产期		分娩日期	
			主配	后补		第一个情期				第二个情期				第三个情期							
耳号	品种	胎次	耳号品种	耳号品种		月日时	与配公猪耳号	交配方式	配种员	月日时	与配公猪耳号	交配方式	配种员	月日时	与配公猪耳号	交配方式	配种员	月	日	月	日

主管_____　　　　　　　　　　　　　　　饲养员_____

附录B 猪场常用生产记录表格式样

附表4 猪群饲料消耗月报表

舍(群)别_____   年___月___日

支付饲料日期		头数	饲料消耗量(千克)						备注
开始月日	停止月日		全价料	青饲料	计划消耗	实际消耗	其他	余缺	

主管_____   饲料保管员_____   饲养员_____

附表5 猪群称重记录表

舍(群)别_____   年___月___日

编号	品种	性别	日龄	类别	头数	始重(千克)	终重(千克)	增重(千克)	增重率(%)	备注

主管_____   饲养员_____

附表6 猪群免疫接种记录表

舍名_____   饲养员_____

接种时间	接种类型	接种日龄	疫苗种类	生产厂家	生产批号	有效期限	单位头份	接种方法	接种数量	耳标号	接种反应	防疫员签名	标识顺序号

主管_____

附表7 公猪配种繁殖记录

编号_____ 品种_____ 初配日龄_____ 初配体重_____ 初配日期_____

配种时间	与配母猪		窝产仔数			初生重			日龄断乳重			留种仔猪数	备注
	编号	分娩时间	总数	产活仔	畸形	头数	总重	平均每头	头数	总重	平均每头		

主管_____　　　　　　　　　　　　　　　　　　　　　饲养员_____

附表8 母猪产仔哺育记录

编号_____ 品种_____ 初娩日龄_____ 初娩日期_____

胎次	与配公猪		分娩日期			产仔数			初生重		20日龄重		日龄断乳重		寄养头数	留种仔数	备注
	耳号	品种	年	月	日	总活	死胎	畸形	头数	窝重	头数	窝重	头数	窝重			

主管_____　　　　　　　　　　　　　　　　　　　　　饲养员_____

附表9 猪群变动周报表

舍别_____　　　　年　月　日

群别	周初头数	增加				减少				周末头数	备注
		出生	调入	购入	合计	调出	出售	淘汰	死亡	合计		
总计											

主管_____　　　　　　　　　　　　　　　　　　　　　饲养员_____

附录B 猪场常用生产记录表格式样

附表10 兽药(药物添加剂)使用记录表

舍名_____　　　　　　　　　　　　　　　饲养员_____

给药时间	猪群编号	给药名称	给药目的	给药方法	给药数量	疗程	生产厂家	生产批号	有效时间	休药期	兽医签名	备注

主管_____

附表11 猪群疫病监测检验记录表

舍名_____　　　　　　　　　　　　　　　饲养员_____

时间	检验对象	检验数量	检验疫病	检验方法	检验结果	临床表现	处理意见	检验单位	检验人员签名	备注

主管_____

附表12 猪群疫病发生情况记录表

舍名_____　　　　　　　　　　　　　　　饲养员_____

病猪编号	病名	发病时间	发病数量	病源	主要症状	检验结果	治愈数量	淘汰数量	死亡数量	无害处理数量	防治措施	备注

兽医_____

附表13 生猪死亡报告单

舍别_____　　　　　　　　　　　　　　　年　　月　　日

编号	品种	性别	日龄	组别或群别	死亡猪情况				处理措施	备注
					头数	体重(千克)	时间	主要原因		

主管_____　　　　　　　　　　　　　　　饲养员_____

附表 14 猪群头数变动日记表

　　　　　　　　　　　　　　　　　　　　　　　　　　　　　　　　　年　　月

舍群别	时间 项目	1	2	3	4	5	6	7	8	9	10	11	12	13	14	15	16	17	18	19	20	21	22	23	24	25	26	27	28	29	30	31	总饲养日	平均存栏
	现存																																	
	转入																																	
	转出																																	
	售出																																	
	死亡																																	
	现存																																	
	转入																																	
	转出																																	
	售出																																	
	死亡																																	
	现存栏																																	
	合计																																	

主管：　　　　　　　　　　　　　　　　　　　　　　　　饲养员：

附录C 中小型猪场常用数据一览表

（供参考）

附表C

	项 目	单位	数 量		项 目	单位	数 量
合理的核心母猪群年龄结构	1～1.5岁母猪占基础母猪头数（待定）	%	40	消毒池尺寸	场门口消毒池长度	米	4.5～5
	1.5～2岁母猪占基础母猪头数	%	35		场门口消毒池宽度	米	2.5
	2～3岁母猪占基础母猪头数	%	30		场门口消毒池深度	米	0.25
	3～4岁母猪占基础母猪头数	%	30		舍门口消毒池长度	米	1
	5岁以上母猪占基础母猪头数	%	5		舍门口消毒池宽度	米	0.8～1
消毒药使用浓度	苛性钠消毒用浓度	%	2～4		舍门口消毒池深度	米	0.2
	石炭酸消毒用浓度	%	2	猪舍消毒次数	一般猪舍每周消毒次数	次	1～2
	来苏儿消毒用浓度	%	1～3		疫点猪舍每天消毒次数	次	1
	新洁尔灭消毒用浓度	%	0.1		疫区猪舍每周消毒次数	次	2～3
	优氯净消毒用浓度	%	0.5～1	环境消毒次数	生产区外环境消毒每周次数	次	1
	高锰酸钾消毒浓度	%	0.1		生产区的净道，每周消毒次数	次	1
生理常数	幼猪体温	℃	38～40		生产区的污道每天消毒次数	次	1
	成猪体温	℃	38～39	配种技术常用数据	1～2岁公猪每周配种	次	3～4
	每分钟呼吸	次	10～30				
	每分钟心跳	次	60～80		2～5岁公猪每周配种	次	7
	每立方毫米白血球数	千个	10.2～21.2				
	每立方毫米红血球数	万个	340～780		5岁以上公猪每周配种	次	3

续附表C

	项目	单位	数量		项目	单位	数量
配种技术常用数据	排卵于发情后	小时	24～48	配种技术常用数据	正常精子活力应高于	级	0.6
	排卵持续时间	小时	10～15		精子正常运动的温度	℃	37～38
	卵子在输卵管内保持受精能力的时间	小时	8～10		精子最适宜的pH值	pH	7.2～7.4
	精子在母猪生殖道内存活时间	小时	10～20		猪人工授精稀释倍数	倍	0.5～1
	最适配种时间于排卵前	小时	2～3		猪人工授精一般输精量每次	毫升	30～40
	从母猪发情后适配时间	小时	24～26		每次输精量含有效精子数为	亿个	10～30
	母猪发情与断奶后	天	3～5		正常精液畸形率应低于	%	15
	热配时间与断奶后	天	5～7		正常精子密度每毫升应高于	亿个	1
	发情持续的时间（母猪）	天	2～3		正常精子活力应高于	级	0.6
	情期两次配种间隔的时间	小时	8～12		每周每头公猪人工采精天数	天	3～4
	母猪每个情期配种次数	次	2～3		每天人工采精次数（每头）	次	1～2
	母猪发情期内接受爬跨时间	天	2天左右		输一头母猪需要的时间	分钟	5～6
	母猪初次配种时间（良种）	月龄	8～10		精子在液氮罐中超低温冷冻长期贮存温度	℃	－196
	每头公猪年内可本交配种母猪	头	25～30		人工授精输精管长	厘米	40～45
	每头公猪年内可人工授精配种母猪头数	头	200～300		输精管外径	厘米	1
	正常精子密度为每毫升	亿个	1～2				

续附表 C

项目		单位	数量		项目	单位	数量
配种技术常用数据	输精管内径	厘米	0.2	对妊娠与临产母猪的饲养管理	母猪叼草絮窝行为距分娩时间	小时	6～12
	假阴道外壳长	厘米	35～38		母猪阴门有黏液流出(羊水),频频排尿距分娩时间	分钟	20～30
	假阴道外壳内径	厘米	7～8				
	假阴道注水量	毫升	300～500				
	假阴道注水的温度	℃	45～50		应用催产素后显效时间	分钟	20～30
	假阴道内腔温度	℃	39～40				
	母猪配种受胎率为	%	85以上		初生仔猪体重	千克	1～1.2
受精卵	受精卵进入子宫需要的时间	天	3～4		仔猪出生间隔时间	分钟	5～25
	受精卵开始定植的时间	天	第10		分娩持续时间	小时	1～4
					仔猪吮初乳于出生后最晚时间	小时	2(以内)
	胚胎着床时间	天	第21		胎盘排出时间	分钟	10～30
	母猪妊娠期	天	114		仔猪保健用药于出生后时间	分钟	0～3
	胎儿易受应激影响于产前	天	14		仔猪超前免疫于出生后时间	分钟	0～3(吃初乳前)
对妊娠与临产母猪的饲养管理	妊娠前、中期母猪每圈饲养	头	3～4				
	孕后期母猪每圈饲养头数	头	1	对初生仔猪的护理	初乳期为分娩后	天	1～3
	临产母猪进入产房于产前	天	7		仔猪剪牙时间	日龄	1
					仔猪断尾时间	日龄	1～2
	前边乳头出现浓乳汁距分娩时间	小时	24		仔猪打耳号时间	日龄	2～3
					仔猪补铁、补铜时间	日龄	3,7
	中间乳头出现浓乳汁距分娩时间	小时	12		1日龄仔猪适宜温度(箱内)	℃	35
	后边乳头出现浓乳汁距分娩时间	小时	3～6		2～4日龄仔猪适宜温度(箱内)	℃	34

续附表 C

	项目	单位	数量		项目	单位	数量
对初生仔猪的护理	保温箱内用红外线保温灯	瓦	150~250	对生长猪的饲养管理	生长猪阶段体重	千克	16~50
	教初生仔猪最佳饮水时间	日龄	2~3		生长猪日饮水量	升	2~4
					生长猪日需水量	升	5
	教初生仔猪最佳认料时间	日龄	5		生长猪日需饲料量	千克	0.7~1
					生长猪占栏面积（非漏缝地板）	米²	0.74
	仔猪断脐带距腹壁的距离	厘米	3~5				
					生长猪占栏面积（漏缝地板）	米²	0.37
	仔猪断尾距尾根距离	厘米	3	肥育猪的饲养管理和胴体瘦肉率、猪粮比价盈亏点	肥育猪阶段体重	千克	50~100
对断奶仔猪的管理	仔猪早期断奶时间	日龄	21~35		肥育猪日饮水量	升	4~8
	仔猪断奶体重	千克	6~8		肥育猪日需水量	升	15
	仔猪断奶成活率	%	93		肥育猪日需饲料量	千克	2.8~3.6
	断奶仔猪原圈培育的时间	天	10		肥育猪占栏面积（非漏缝地板）	米²	1~1.2
	断奶仔猪进入保育舍于断奶后	天	11		肥育猪占栏面积（漏缝地板）	米²	0.8~1
					肥育猪全程肉料比	比	1:2.8~3.5
对保育猪的饲养	保育猪阶段体重	千克	5~16		适时屠宰体重	千克	90~110
	保育猪日饮水量	升	1~2		最高屠宰率（90千克体重）	%	78
	保育猪日需水量	升	5				
	保育猪日需饲料量	千克	0.2~0.6		瘦肉型胴体瘦肉率	%	57~70
					肉脂兼用型胴体瘦肉率	%	45~50
	占栏面积（非漏缝地板）	米²	0.56		脂肪型胴体瘦肉率	%	39~44
	占栏面积（漏缝地板）	米²	0.28		猪粮比价盈亏点	比	1:5.5（玉米）（批发价）

附录C 中小型猪场常用数据一览表

续附表C

	项 目	单位	数 量		项 目	单位	数 量
母猪的繁殖生理和生产性能	母猪性成熟时间	月龄	3～6	对母猪的饲养和管理	母猪带仔10头日饮水量	升	16～22
	母猪体成熟的体重应大于	千克	90		母猪带仔10头日需水量	升	60
	卵巢重量	克	7～9		种母猪日需饲料量	千克	1.7～2.6
	从排第一个卵子到最后一个卵子间隔的时间	小时	10～15		哺乳母猪日需饲料量	千克	5～5.5
	母猪排卵数（一般）	枚	10～25		占栏面积（非漏缝地板）	米²	3～4
	母猪排卵高峰阶段在发情后	小时	26～30		占栏面积（漏缝地板）	米²	1.5～2
	母猪排卵数量多的胎次	胎	3～6		哺乳母猪占栏面积（非漏缝地板）	米²	7
	母猪年产窝次	次	2.24		哺乳母猪占栏面积（漏缝地板）	（米²）	3.5～4.5
	母猪分娩率	%	95以上	公猪的生殖生理	公猪性成熟的时间	月龄	4～6
	母猪产后正常不吃食时间	天	1～1.5		公猪体成熟的时间	月龄	8～10
	母猪窝产活仔猪头数（正常目标）	头	10.5		公猪开始配种（初配）时间	年龄	1
	母猪窝产活断奶仔猪头数（正常目标）	头	9.6以上		公猪配种使用的年限	年龄	1～4
	母猪发情周期	天	18～23		睾丸单个重量	克	150～400
	种母猪（100～230千克）日饮水量	升	12		一侧睾丸一周也产生精子数	亿个	150～400
	种母猪（100～230千克）日需水量	升	25				

续附表C

项目		单位	数量	项目		单位	数量
对公猪的饲养管理和使用	种公猪(100~200千克)日饮水量	升	15	日喂次数	15~30日龄每天喂料次数	次	6~8
	种公猪(100~200千克)日需水量	升	25		31~70日龄每天喂料次数	次	4~5
	种公猪(100~200千克)日需饲料量	千克	1.9~2.4		71日龄以后每天喂料次数	次	3~4
	占栏面积(非漏缝地板)	米²	7		种母猪每天喂料次数	次	2~3
	占栏面积(漏缝地板)	米²	4		种公猪每天喂料次数	次	2~3
	种公猪每圈可养	头	1	每栏内应饲养的头数	断奶仔猪(6~8千克)	头	20~24
	种公猪年更新率	%	33		保育仔猪(8~16千克)	头	15~22
	种公猪停配年龄	年龄	6		生长猪(16~50千克)	头	10~15
日增重	仔猪35日龄日增重	克	155~165		育肥猪(50~100千克)	头	8~10
	保育猪36~70日龄日增重	克	388~450		怀胎母猪	头	4~5
	生长育肥猪75~155日龄日增重	克	600~800		哺乳母猪	头	1
舍内适宜温度的控制	一般猪舍适温	℃	15~22		种公猪(成龄)	头	1
	哺乳仔猪(3~5千克)适宜温度	℃	28~30	饲槽的主要尺寸	断奶仔猪 饲槽长度(槽位)	厘米	18
	保育猪(5~16千克)适宜温度	℃	25~26		断奶仔猪 饲槽宽度	厘米	20
	生长猪(16~50千克)适宜温度	℃	18~22		断奶仔猪 饲槽高度	厘米	10
定位栏尺寸	定位栏长度	米	2.1		育成猪 饲槽长度(槽位)	厘米	20~26
	定位栏宽度	米	0.6~0.65		育成猪 饲槽宽度	厘米	28
	定位栏高度	米	1		育成猪 饲槽高度	厘米	17

附录C 中小型猪场常用数据一览表

续附表C

	项目	单位	数量		项目	单位	数量
饲槽的主要尺寸	育肥猪 饲槽长度（槽位）	厘米	36	猪舍内环境数据	舍内一氧化碳含量不得超过	毫克/m³	5
	育肥猪 饲槽宽度	厘米	39		舍内尘埃含量昼夜平均不得大于	毫克/m³	1
	育肥猪 饲槽高度	厘米	21		舍内地面坡度	%	2～4
	母猪 饲槽长度（槽位）	厘米	45		猪舍门高度	米	1.6～1.8
	母猪 饲槽宽度	厘米	40		猪舍门宽度	米	0.7～1
	母猪 饲槽高度	厘米	22		舍内氨气浓度应不高于	毫克/m³	20
猪舍、粪水沟冲洗次数	冬季每周冲洗猪舍	次	2～3		分娩栏个数等于母猪数的	比	1/3
	夏季每日冲洗猪舍	次	2～3		保育栏数等于分娩栏数的	比	1/2
	春季每日冲洗猪舍	次	1	肉猪机体化学成分	肉猪体重	千克	90
	秋季每日冲洗猪舍	次	1～2		水分占机体	%	54.30
	盖板式粪水沟每天冲洗次数	次	4		脂肪占机体	%	28.55
	敞开式粪水沟每天冲洗次数	次	8		蛋白质占机体	%	14.49
猪舍内环境数据	舍内湿度标准	%	60～70		灰分占机体	%	2.65
	舍内调温（湿）应控制的风速	米/秒	0.3	现代化猪场建设 场地选择条件	距居民区、公共场所、交通干线	千米	>1
	舍内开窗通风换气时最低舍温	℃	25		距养殖场、屠宰厂、畜产品加工厂	千米	>3
	舍内地面坡度	%	2～4		距污水、废弃物、生活垃圾场	千米	>1
	舍内噪声应低于	分贝	80		地势高燥、缓坡	度	10～15
	舍内硫化氢含量不得超过	毫克/m³	10		猪场距国家一、二级公路应不少于	米	500
	舍内二氧化碳含量不得超过	%	0.15		猪场距国家三级公路应不少于	米	200

269

续附表C

项目		单位	数量	项目		单位	数量
现代化猪场建设	猪场布局和要求			仔猪常见传染病潜伏期	猪肺疫	天	1～3（人工感染）1～14（自然感染）
	猪场坐北向南、偏离方向应不超过	度	30				
	每排猪舍间的距离	米	>8		轮状病毒病	天	0.5～1
	舍内净高（顶棚至地面）	米	2.4		仔猪黄痢仔猪白痢	天	1～2
	舍内跨度（宽）	米	8～12	母猪常见传染病潜伏期	猪瘟潜伏期	天	一般为5～7长达21
	舍内长度	米	55～75				
	场区噪声应小于	分贝	80		猪细小病毒病	天	2～6
	猪场绿化率	%	40		伪狂犬病	天	3～15
种猪品种、品系资源	我国引进猪种	个	8		猪繁殖与呼吸综合征		14
	我国地方猪种	个	68		猪流行性乙型脑炎	天	3～4
	我国培育猪种	个	12		猪流行性感冒	天	2～7
	目前国外专门化配套品系	个	6		猪传染性胸膜肺炎	天	1～2
	目前国内专门化配套品系	个	4		猪痢疾	天	3～4
仔猪常见传染病潜伏期	口蹄疫潜伏期	天	1～2		猪附红细胞体病	天	2～45
					猪钩端螺旋体病	天	2～5
	仔猪副伤寒（通常）	天	4～6	其他传染病潜伏期	猪炭疽	天	2～5
	猪传染性胃肠炎	天	1～3		猪水疱病	天	2～5
	猪流行性腹泻	天	0.5～4		猪破伤风	周	1～2
	猪痘潜伏期	天	2～4		猪坏死杆菌病	天	2～5
	猪气喘病	天	10～16		狂犬病	天	20～60
					脑心肌炎	天	2～4
					空肠弯曲菌病	天	2～4
	猪丹毒潜伏期	天	1～7		猪传染性脑脊髓炎	天	6（平均）

附录C 中小型猪场常用数据一览表

续附表C

项目	名称	规格	数量	用途
猪人工授精所需器材物品明细	假台猪	120×25×55(厘米)	1台	供公猪爬跨采精用
	伪阴道外壳		5个	供采精用
	内胎		10条	供采精用
	赶公猪板	100×80(厘米)	3个	用于驱赶公猪、预防公猪攻击用
	器械台	80×40×110(厘米)	1台	供临时采精摆放物品用
	冰箱	立式:50升	1台	保存精液用
	恒温干燥箱	4000瓦	1台	消毒器械物品和预热集精杯用
	天平(秤)	100克	1台	配制稀释液用
	热封口机		1台	分装精液时,封口用
	紫外线灯	30瓦	3盏	室内消毒用
	水浴锅	恒温、双孔	1台	恒温稀释液用
	钢精锅	双层、直径35厘米	1个	蒸煮物品用
	电炉	1000瓦	1台	用于蒸煮物品
	显微镜	600倍	1台	检查精子形态、活力和密度用
	集精杯	600毫升、保温	5个	采精用
	贮精瓶(或精液袋)	30~50毫升	50个	分装、贮存精液用
	量筒	100~500毫升	6个	配制稀释液用
	酒精灯	100毫升	3个	烧灼消毒用
	水温计		3支	测量稀释液温度
	温度计	100℃	3支	测量温度用
	血球计数板		2套	测量精子数量用
	精子密度测定仪	医用	1台	检查精子密度

续附表C

项目	名 称	规 格	数 量	用 途
猪人工授精所需器材物品明细	输精管	一次性,60厘米长	300支	输精用
	广口保温瓶	1000毫升	2个	保存、运送精液用
	烧杯、烧瓶和玻棒		6套	配制稀释液用
	50毫升注射器		3个	分装、输精用
	20毫升注射器		10个	
	10毫升注射器		5个	
	漏斗	玻璃	10个	过滤精液用
	载玻片	化验级	100片	镜检精液用
	盖玻片	化验级	50片	
	平皿	化验级	5个	
	脱脂棉		2磅	操作用
	滤纸		30张	
	纱布		1磅	
	酒精	500毫升/瓶	10瓶	燃料、消毒用
	来苏儿	500毫升/瓶	5瓶	消毒用
	工作服和胶手套		5套	采精时用
	超声波诊断仪		1台	妊娠诊断用
猪舍空气卫生	氨	毫克/米^3	20(哺乳舍为15)	
	硫化氢	毫克/米^3	10	
	二氧化碳	%	0.15	
	细菌总数	万个/米^3	≤5(成母猪舍≤10)	
	粉 尘	毫克/米^3	≤1.5	

主要参考文献

[1] 陈清明,王连纯主编. 现代养猪生产. 北京:中国农业大学出版社,1997.

[2] 苏振环,陈隆编著. 小猪科学饲养技术. 北京:金盾出版社,1997.

[3] 张勇主编. 动物疫情监测分析与疫病预防控制技术规范实施手册. 北京:中科多媒体电子出版社,2003-05.

[4] 李佑民主编. 猪病防治手册. 北京:金盾出版社,1996.

[5] 杨中和,方旭主编. 现代无公害养猪. 北京:中国农业出版社,2005.

[6] 季海峰主编. 目标养猪新法. 北京:中国农业出版社,2003.